中国科学家爸爸思维训练丛书

# 给孩子的人工智能课

朱仪轩
薛陆洋 ◎ 著

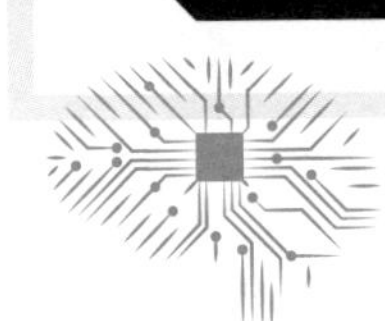

中国妇女出版社

**图书在版编目（CIP）数据**

给孩子的人工智能课 / 朱仪轩，薛陆洋著. -- 北京 ：中国妇女出版社，2024. 8. --（中国科学家爸爸思维训练丛书）. -- ISBN 978-7-5127-2397-9

Ⅰ. TP18-49

中国国家版本馆CIP数据核字第2024DC8873号

**责任编辑**：朱丽丽
**封面设计**：尚世视觉
**责任印制**：李志国

**出版发行**：中国妇女出版社
**地　　址**：北京市东城区史家胡同甲24号　　邮政编码：100010
**电　　话**：（010）65133160（发行部）　　65133161（邮购）
**网　　址**：www.womenbooks.cn
**邮　　箱**：zgfncbs@womenbooks.cn
**法律顾问**：北京市道可特律师事务所
**经　　销**：各地新华书店
**印　　刷**：小森印刷（北京）有限公司

**开　　本**：165mm×235mm　1/16
**印　　张**：14.75
**字　　数**：150千字
**版　　次**：2024年8月第1版　　2024年8月第1次印刷
**定　　价**：59.80元

# 推荐序

向孩子们解释人工智能的概念，并激发他们将其视为未来职业道路的可能性，无疑是一项充满挑战的任务。而我最近阅读的《给孩子的人工智能课》一书，就是一本非常适合家长和孩子一起阅读的人工智能方面的科普读物。这本书以易于孩子理解的语言和生动有趣的实例，向孩子们介绍了人工智能的基本概念、发展历程和应用领域，使他们在轻松愉快的氛围中了解这一前沿技术。不仅能让孩子们了解人工智能，还能激发他们对科技创新的兴趣和热情，值得推荐给所有对人工智能感兴趣的家长和孩子。

我回想起 2016 年参与的一个由美国国家自然科学基金会资助的项目，该项目旨在向儿童普及大数据的概念，由纽约科学馆主导，众多大学教授共同参与。起初，我以为这是一件很简单的事，但参加了几次会议后，我认识到这远比我想象的要复杂。阅读这本书，让我仿佛重温了那段经历。书中精心挑选了人工智能领域的几个关键里程碑，并以简洁明了的语言，适当地融入必要的技术术语，进行了精彩的阐述。

随着对话能力的提升和对上下文理解的深化，ChatGPT如今能够提供更为精确的响应，并具备更先进的安全特性。Claude AI（一种面向企业的下一代人工智能助手）在多模态交互领域取得了重大进展。它不仅在文本处理上表现出色，而且在理解与生成图像和音频方面也有所成就，从而提供了更加透明和可控的人工智能体验。LLaMA（由马克·扎克伯格创办的 Meta 公司发布的半开源大语言模型）在社交媒体平台集成、内容创作、审核以及增强用户互动等方面表现出色，其优化的语言模型能够更好地理解多种语言，并生成近似人类的响应。Gemini(谷歌公司发布的大语言模型）展现了在融合文本、图像、视频和音频等多模态内容方面的创新基准。

人工智能的发展正处于一个迅猛增长的时代，它正在跨越技术、社会和劳动力市场的界限。人工智能将进一步深入渗透到医疗、教育、金融等众多领域，打造出更加智能、高效的系统。在创意产业中，它的作用将愈发凸显，从数字艺术创作到音乐制作，再到建筑设计，人工智能都将提供有力的辅助。人工智能助手将变得更加个性化，它们将能够洞察并预测用户的个性化需求，提供定制化的建议、支持和陪伴。人工智能将不仅自动执行任务，还将与人类协同工作，助力解决问题，提升创造力和决策能力。

在将人工智能主题融入中小学课程的过程中，我期望这本书能够发挥重要作用。青少年可以在相关的平台上，尝试创作简单的人工智能项目或游戏。老师和家长应鼓励他们利用人工智能解决现实问题。学校可通过设立俱乐部或开展课外活动，为对人工智能感兴趣的学生提供更多学习机会。同时，学校还应提供在线资源、课程和工具，帮助学生与人工智能领域的专家建立联系，营造一个鼓励提问、重视创新解决方案的学习环境。

美国默西大学数学与计算机科学系教授　陈志雄

# 目 录

## 欢迎来到未来：探索神奇的人工智能世界

## 人工智能发展史：可能比你想得更久远


**第一节 >> 关于人工智能的讨论与想象** 13

- 早期遐想：神话传说中的人工造物 13
- 科幻想象：人工智能的宣传大使 17

**第二节 >> 人工智能研究的过去、现在与未来** 22

- 萌芽起步期：梦开始的地方 24
- 反思发展期：AI 的第一个寒冬 28

- 应用发展期：AI 实际应用的突破 28
- 稳健发展期：AI 逐步开始超越人类 30
- 新时期：AI 拉开新时代的序幕 35
- 未来：AI 将陪伴人类走向何方？ 38

## 机器大脑：人类的模仿者


**第一节>>如何让机器学习与思考** 43

- 符号主义：用规则解释智慧 45
- 行为主义：像驯狗一样训练 AI 46
- 联结主义：仿生人能梦见电子羊吗？ 50

**第二节>>让机器变得更聪明的神奇算法** 52

- 人工神经网络：一种模仿人脑的机器学习方法 53
- 机器学习：一种让机器开始学习的方法 58
- 深度学习：引领人工智能新浪潮 61

## 智能眼睛：计算机视觉与图像识别

**第一节>>计算机视觉应用于各行各业** 67

- 影视娱乐领域：动作捕捉 69
- 汽车交通领域：自动驾驶 75
- 医学医疗领域：辅助诊断与远程微创手术 79

**第二节>>机器如何“认识”身边的事物** 83

- 图像识别的基本原理 85
- 机器的眼睛也会“老眼昏花”吗？ 87

## 语言小天才：自然语言处理与语音识别

**第一节>>打开语音识别的“魔法之门”** 95

- 什么是语音识别？ 96
- 什么是自然语言处理？ 100
- 什么是语音合成？ 104

**第二节 >> AI 如何掌握人类语言的艺术** 109

- ChatGPT 的本质 111
- 什么是大语言模型？ 112
- “大”的魔力 115
- 在 GPT-3 上诞生的 ChatGPT 117
- 下一代 GPT 的发展方向 119

## 人类新伙伴：机器人与智能系统

**第一节 >> 智能机器人为你打造更舒适的环境** 125

- 现实中的“机器人三要素” 126
- 智能机器人的分类 128

**第二节 >> 智能机器人的制胜法宝** 141

- 多传感器信息融合技术 141
- 路径规划 143
- 智能控制技术 144

## 漫游属于你的人工智能世界

**第一节 >> 人工智能还能做这些！** 152

- 超级福尔摩斯：AI 在刑侦领域的作用 152
- 历史解码大师：AI 在考古学中的应用 157
- 传承守护者：AI 参与非遗文化保护 162

**第二节 >> 人工智能重塑教育边界** 165

- 数字教室里的奇幻旅程 166
- 个性化教学的魔法 167
- 被重新定义的师生关系 169
- 未来教育也并非童话 170
- 探索学习的真正目的 174

## AI 时代的困惑：机械心灵与伦理迷境

**第一节 >> 人工智能带来的挑战** 179

- 人工智能会让我们失业吗？ 181
- 谁是人工智能的“监护人”？ 185

- 人工智能会“造反”吗？ 189
- 人工智能的公平性 192

**第二节>>如何适应人工智能时代** 197

- 培养数据安全意识 198
- 警惕信息茧房陷阱 202

## 第八章 与人工智能携手走向未来

**第一节>>人工智能的未来发展趋势** 208

- AI 技术的可解释性 209
- 人工智能与全球互联 212

**第二节>>人工智能与未来人类社会** 215

- 人工智能会成为“人类”吗？ 215
- 人工智能融入人类文化 218

后　记 222

# 引言

## 欢迎来到未来：探索神奇的人工智能世界

提到 AI（Artificial Intelligence，AI）或者说人工智能，在人们的印象中，它似乎总与未来相连。我们脑海中首先会蹦出的 AI 画面，往往是科幻电影中的场景——那里有智能机器人、智能城市、智能家居，甚至有拥有自主思考和情感的智能生物。那么，未来世界中的人工智能，究竟会以怎样的方式呈现呢？这个问题的答案就像“一千个人心里有一千个哈姆雷特”一样，每个人对未来的畅想都不尽相同。

事实上，这些令人激动的场景，并不全然是科幻作者或者电影导演们的臆想，随着 AI 技术在近几年所取得的突破，上述的许多场景，正在逐渐化为现实。

在不远的未来，很可能只需十年，AI 就将渗入日常生活的方方面面。现在，就让我们一起想象一下，十年后的某一天，当你一觉醒来，会过上怎样的“智能”生活吧！

这是最寻常的周一早晨，你必须按时醒来才能准时去上课，但与现如今不一样的是，你并不是被刺耳的闹铃声吵醒的，而是在 AI 的辅助下，宛如从一场令人心旷神怡的“美梦”中醒来的。之所以会这样，是因为你的枕头里安装着特殊的设备，它可以扫描你的脑电波，并与你的思维相连，为你营造一个专属于你的梦境。在未来，夜晚将和白天一样精彩，因为你的每个梦境都是可控的，你可以为自己定制梦境，在身体休息的时候，继续体验不一样的精彩。

但你也不用担心自己会因此用脑过度，因为你穿着的智能睡衣会监测血压、呼吸和心率等一系列指标，选择在“快速眼动睡眠期”——这个最佳唤醒时机，让你“睡到自然醒”。这种科学的唤醒方式不仅能让你更舒适地醒来，感觉神清气爽、精力充沛，还将有助于提高你一整天的注意力和学习效果。

你醒来后的第一件事，是在床上跟智能助理对话，告诉它今天你的计划和心情，它会根据你的需求提供合适的建议和安

排。如果需要，它还能根据实时的天气预报和流行趋势，为你推荐今日穿搭。而与此同时，智能助手还会将你的健康数据上传到医院云端，会有专门的 AI 医生对这些数据进行分析，给予你及时的反馈，并建立全面的健康档案。

AI 会根据你的健康数据和营养需求数据，再结合你个人的口味偏好为你搭配饮食。在未来，或许人们的肥胖率和疾病率都会显著下降，这是因为在人工智能的帮助下，科学饮食和疾病预防都将更加容易实现。

当你坐在靠窗的桌边享用着早餐时，你无意间向窗外投去一瞥，随后惊奇地发现，周一早高峰期间的市中心，居然没有出现交通堵塞！而这自然也是因为有 AI 在暗中协调的缘故。在未来，所有车辆都会实现自动驾驶，这就意味着在道路交通中由于人为主观因素而导致的拥挤、碰撞、违规和危险行为都将不再发生。出行时，你只需要舒服地坐在座位上放松身心，享受旅程就好。AI 会全程控制车辆，准确判断交通状况，遵守交通规则，并与周围的车辆进行智能协同，大大提高了行车安全指数。不仅如此，交通管理系统也已经智能化了。AI 通过实时监控道路状况、分析交通流量和预测交通需求，能够准确地调配交通资源。它会根据车流量和道路容量来优化交通信号灯的配时，使车辆在交通路口更加流畅地通行。

等用完早餐，你就该去上课了，但这或许是和现在最为不同的地方——因为学校可能已经不复存在啦！当然，这并不意味着你就可以逃避学习。在未来，AI 将推动教育发生翻天覆地的变化。教室不再是一个实体空间，你可以在家中或任何你喜欢的地方通过虚拟现实技术（VR）参与课堂，只需戴上智能头盔，立刻便能进入一个逼真的虚拟教室，你的老师和同学都会以虚拟形象的方式出现在你面前，与你交流互动。

未来的教育还可以适应每个学生的个性化需求，AI 将根据学生的兴趣和性格特征，为每个人量身定制学习计划和课程内容。如果你对科学感兴趣，AI 会为你安排更多的实验和探索活动；如果你喜欢艺术，AI 会为你提供更多的创作和表演机会。这样，每个人都能够在自己感兴趣的领域中发展潜能，并获得更好的学习成果。与此同时，曾让很多小朋友头疼

的抄写、默写、背诵等，这些作业很可能也不再出现，因为在未来，这些机械化的工作和大量的记忆存储都可以由 AI 代劳，我们需要通过学习掌握的，将更偏重于方法本身，我们需要强化的，也将完全围绕我们自身的特长和爱好展开。

下课后，AI 还可以担任你的私人助教，帮你解决学习中的问题。当你遇到困难时，AI 可以即时解答，让你更好地理解知识点。它还可以监测你的学习表现，给予及时的反馈和建议，帮助你更好地提高学习效果。如果学累了，智能助手也可以和你游戏互动，根据你的情绪和需求，陪你聊天甚至安慰你。

说到这里，或许你会觉得 AI 就像一个“万能打工人”，它的存在就是为了服务人类。那么，事实情况是否真的如此呢？实际上，服务人类只是其用途之一，在人工智能这门学科诞生之初，人们对它还有着另一项意义深远的期待——那就是通过人工智能，来了解人类智能本身。

法国思想家帕斯卡尔曾说过：“人只不过是一根苇草，是自然界最脆弱的东西，但他是一根能思想的苇草……我们全部的尊严就在于思想。”而思想的出现，则是因为人类拥有智能。那么人类智能究竟是什么呢？如何才能了解智能的本质呢？自古以来，一代又一代的哲学家各抒己见，一批又一批的科学家百般探索，却始终如盲人摸象，似乎有所触及，却又总是无法窥其全貌。

直到近现代计算机科学出现后，这一领域的科学家们灵机一动，决定先找到一个方式模拟人的智慧和行动能力，等其真正模拟出了人的智慧和行动能力后，人类智能的未解之谜岂不就能迎刃而解了吗？

于是，“人工智能”的概念就这样诞生了，它通过程序算法来模仿人类的智慧，目标是生产出一种新的、能像人（甚至超越人）那样做出反应的智能机器。最早的一批人工智能科学家，在 20 世纪 50 年代末 60 年代初，开始对“机器能否模仿人类智能”进行研究和探索，希望开发出一种可以自主思考、学习和解决问题的计算机系统。他们当时的想法是，如果能造出一样东西，必然也对它的原理心知肚明了吧？因此，如果能造出人工智能，肯定也就破解了人类智能的奥秘了吧？比如，被誉为“人工智能之父”的马文·明斯基就曾说过：“我打赌——人类就是一台由肌肉组成的机器，而人脑就是一台肉做的计算机。”

那么，当时科学家们的想法究竟对不对呢？发展至今的人工智能和人类智能之间，究竟又展现了怎样的关系呢？在本书开始的地方，这两个问题先留给大家思考，在后面的章节中，我们将一一探讨。

知识拓展

## 中国历史故事中的人工智能

裴松之在《三国志·魏书·方技传·杜夔》的注解中提到过一种用水力发动的可以奏乐舞蹈的木头人偶，既可以打鼓、吹箫、叠罗汉，还可以丢木球、掷剑、走绳索、翻筋斗，等等，动作灵活敏捷。

故事的开始是有人进贡了一套有上百个人偶的杂技模型，只能作摆设不能活动。皇帝问杜夔：“你

能使它们动起来吗？”杜夔回答说：“可以活动。”皇帝又问：“可以做得更巧妙些吗？”杜夔回答说：“可以更好。”于是他就接受皇命制作了。他用大木头又雕又削，做成轮子的形状，放在地上，下面设机关用水力发动。上面不仅制作了奏乐舞蹈的木偶，还有木偶打鼓、吹箫、叠罗汉，还可以使木偶丢木球、掷剑、走绳索、翻筋斗，动作灵活，更有木偶做出坐堂审案、舂米磨面、斗鸡等各种各样的动作。

其后人有上百戏者，能设而不能动也。帝以问先生：“可动否？”对曰：“可动。”帝曰：“其巧可益否？”对曰：“可益。”受诏作之。以大木彫构，使其形若轮，平地施之，潜以水发焉。设为女乐舞象，至令木人击鼓吹箫；作山岳，使木人跳丸掷剑，缘絙倒立，出入自在；百官行署，舂磨斗鸡，变巧百端。——《裴松之注三国志 魏书二十九 方技传》

# 第一章

## 人工智能发展史：可能比你想得更久远

## 第一节 关于人工智能的讨论与想象

如同蒸汽时代的蒸汽机、电气时代的发电机、信息时代的计算机和互联网，一种革命性技术的出现会改变一整个时代。当人们还沉浸在互联网时代万物互联的便捷中时，人工智能技术已悄然在另一个赛道萌芽、成长、蓬勃发展。直到 ChatGPT 的出现，全球开始审视下一个时代——人工智能的时代，是否已经悄然逼近。各行各业都忙不迭地打出 AI 的旗号，生怕拿不到下一个时代的船票。而对于我们普通人而言，与其盲目地跟着喊出“得 AI 者得天下”的口号，不如静下心来，思考人工智能到底是什么，从何而来，又要到何方去。

### 早期遐想：神话传说中的人工造物

人工智能是当下社会讨论的热门话题，那么，你有没有思考过一个问题——我们人类关于人工智能的想象，究竟是何时开始的呢？这个问题之所以重要，是因为人工智能并非自然的造物。如果我们脑海中没有关于它的想象，就不可能有创造它、实践它的动机，而它也就永远都不会出现。

尽管人工智能这一概念的明确提出，是近在20世纪中期的事情，但关于它的早期想象其实可以追溯到古代文化中的神话和传说。比如，大家耳熟能详的“潘多拉”的故事，便从侧面反映出了古希腊人对于创造出拥有智慧和行动能力的人工生命的遐想，以及他们对于这种人工生命体的潜在风险的担忧。

而我国古人对于人工智能，则有着更加直接的想象和探讨。《列子·汤问》曾记录这样一则故事：

一个名叫偃师的匠人，为周穆王献上了自己发明的木甲人。这个木甲人栩栩如生，以至于周穆王十分怀疑它是真人。当木甲人为周穆王表演完歌舞以后，它竟然对着周穆王的嫔妃们抛媚眼，惹得周穆王醋意大发，认为这个木甲人是由真人假扮的，和偃师串通在一起骗自己，当场就要斩了他们。于是，偃师赶紧将木甲人拆解开来，将它的零部件展示给周穆王看——原来，它真的只是用皮革、木头、树脂、油漆，以及白垩、黑炭、丹砂等组装而成的。

这个故事最了不起的地方在于，中国古人甚至已经想象到了木甲人各个零部件之间的联动关系："王试废其心，则口不能言；废其肝，则目不能视；废其肾，则足不能步。"故事中的内脏和四肢所呈现的关联，就像软件与硬件一样。由此，故事的结尾也借由周穆王之口引出了一个开放性问题："人之巧，乃可与造化者同功乎？"（人类的技术，竟然能具备与创造万物的神仙相媲美的能力吗？）

这些早期的神话传说都表明，人类对于创造出拥有智慧和行动能力的人工生命的想象，已经存在了数千年。虽然这些故事中的形象与现代人工智能有所不同，但它们反映了古人对于这方面潜力和可能性的思考。

知识拓展

## 无独有偶——西方神话中的人工智能

在古希腊神话中，有一个叫塔洛斯（Talos）的青铜巨人，是宙斯赠送给克里特岛国王米诺斯的礼物，用来保卫岛屿。塔洛斯每天绕着岛屿跑三圈，用炽热的身体和巨石攻击敌人。他的身体里有一根青铜管道，从头到脚流动着一种叫伊卡洛斯（Ichor）的神奇液体，是神灵的血液。塔洛斯的脚踝上有一个螺栓，如果拧开了，神奇液体就会流出来，塔洛斯就会死亡。这个故事可以说是最早的机器人和人工智能的想象之一。

中世纪的欧洲，有一位名叫阿尔贝图斯·马格努斯（Albertus Magnus）的神学家和哲学家，据说他用黄金和黏土制造了一个会说话的自动人偶，并用炼金术赋予了它生命。这个自动人偶可以回答任何问题，甚至预言未来。但是，阿尔贝图斯的学生托马斯·阿奎那（Thomas Aquinas）认为这个自动人偶是恶魔的工具，于是用一把锤子把它打碎了。这个故事反映了中世纪的人们对于人工智能的恐惧和排斥。

## 科幻想象：人工智能的宣传大使

19 世纪末到 20 世纪初，科幻小说的兴起为人工智能的概念探索提供了平台。作家们开始想象和描绘具有人类智慧和情感的机器人，这为公众打开了全新的思考和探索领域。以下是一些重要作家及其作品，他们都对人工智能的探索产生了深远影响。

艾萨克·阿西莫夫（Isaac Asimov）是一位著名的科幻作家，其代表作有“银河帝国三部曲”和“机器人系列”。他的机器人系列作品对人工智能的发展和伦理问题进行了深入探讨，并为机器人设定了三大行为准则，即“机器人三原则”。这些法则成为后来许多人工智能讨论题的基础。

菲利普·迪克（Philip K. Dick）同样是一位具有极高影响力的科幻作家，他的作品探索了人工智能与人类认知和现实的关系。其代表作有《高堡奇人》《少数派报告》，以及著名的《仿生人会梦见电子羊吗？》。《仿生人会梦见电子羊吗？》这个故事描述了一群具有人类外貌但缺乏人类情感的人工生命体（Replicants）与人类之间的冲突，探讨了人工智能和人类认同之间的关系。

这些作家的作品引发了公众对于人工智能的浓厚兴趣和深入思考。他们将人工智能作为一个重要的主题，讨论了技术发展可能带来的伦理、道德和社会影响。这些作品不仅展示了科幻文学的想象力，还对现实世界的科技发展和人类的未来提出了设想和警示。

随着时间的推移，这些科幻作品中的思考又对人工智能的发展产生了深远的影响。在公众层面，它们有效地推动了人工智能的普及度，为人工智能研究的萌芽埋下了种子。但同时，由文学作品而引发的狂热想象和过高期待，也是间接导致人工智能研究遭遇首次寒冬的原因之一。从中我们也不难看出，人工智能这项研究和数理化不同，它在诞生之初，就与人类文化、心理、社会和伦理紧紧捆绑在了一起。

## 知识拓展

### 《仿生人会梦见电子羊吗？》

这部小说是菲利普·迪克的代表作，其电影改编版就是大名鼎鼎的《银翼杀手》系列。小说写作于 1967 年，因此出现了许多与当代科幻格格不入的陈旧道具（比如收音机、电话座机等），但这些复古元素却丝毫不影响整个故事的宏大叙事和思想深度。

故事讲的是核战后，地球已变成不毛之地，人类被迫向外星移民，只剩下一些老弱病残的“特障人”和极少数不愿离开故土的人。为了协助人类更好地在宇宙中生活，一种仿生仆人应运而生，他们主要负责重体力劳动和高风险活动。然而，随着仿生人的能力和智力不断提高，总有不甘于被人类奴役的仿生人想方设法逃回地球，试图伪装成人类来生活。

当时最先进的仿生人，已无法通过肉眼与人类进行区别。除了解剖之外，鉴定仿生人的可靠方式是进行“移情测试”，因为在作者迪克的设定中——

是否具有同情心，既是人类与仿生人的本质区别，也是唯一不可打破的区别。人类具有移情能力的典型表现，是对于动物具有同情心，想要照顾、饲养它们；而仿生人却无法理解这点，他们会毫不犹豫地剪去蜘蛛的腿，因为他们从实用主义角度来看，蜘蛛哪怕只有四条腿也一样能生活。

故事中的男主角里克·德卡德就是一名居住在地球上的“赏金猎人”，他需要追捕仿生人以换取高额报酬，再拿这些赏金去买一只真正有生命的宠物（而不是看上去一模一样的电子宠物）。但在里克追捕仿生人的过程中，他却遭遇了两大挑战。一方面，面对外表和行为与人类高度相似的仿生人，他不可避免地对他们产生了移情，开始同情他们被奴役、被压迫的遭遇；另一方面，当他必须杀死这些逃跑的仿生人时，他又觉得自己也越来越丧失同理心，直至濒临崩溃。

在故事的最后，作者选择了一个非常温暖人心又别具深意的结局。陷入内心矛盾的里克在沙漠里

捡到了他最喜欢的动物——蟾蜍。当他把蟾蜍带回家后，哪怕已经发现这只蟾蜍是电子宠物，原本质疑里克的妻子，却依旧愿意花费大量心血来饲养这只“仿生蟾蜍”，只因为她认为“我的丈夫对它可有感情了”。而也正是此举，令里克的心灵重新找到支撑，回归宁静。

这部小说真正的魅力在于，它敏锐地捕捉到了科技不断高速发展后，人类可能遭遇的精神困境。人类和仿生人分别对应了人性和技术的隐喻：技术的发展会磨灭人类的自然秉性吗？甚至是否会因此而诞生全新的人性标准呢？小说男主角里克就曾思考过这个问题：“虽然仿生人不会梦见真的羊，但它会梦见电子羊吗？如果梦见了电子羊，那会是仿生人独特的移情能力吗？因为是仿生人，相比较真的羊，所以才会更容易移情于电子羊吗？”这些问题的深度甚至超出了作者自己的解答能力，因此故事也在一片迷思中，带着希望又带着怅惘结束了。

## 第二节 人工智能研究的过去、现在与未来

要说清楚人工智能的前世今生，那得先从人工智能的研究目的开始讲起。

人工智能这一概念的萌发，肇始于通过程序算法来模仿人类智慧的尝试，其目标是生产出一种新的、能像人（甚至超越人）那样做出反应的智能机器。你是否还记得第一章中提出的问题——如果我们能造出人工智能，是否也意味着我们可以破解人类智能的奥秘呢？

答案并不是肯定的！随着人工智能研究的不断深入开展，越来越多的实例证明，机器智能与人类智能之间并不能画等号，即使结果一样，过程依旧存在很大差异。

而在人工智能的发展过程中，不同时代、学科背景的人对于智慧的理解及其实现方法，也有着截然不同的思想主张与方式。其中，有对生物进化进行模拟的演化主义、利用数学模型解释神经元连接机制从而研究认知的联结主义、以概率学为基础进行推论的贝叶斯主义，等等。

但归根结底，人工智能研究的最终目的是扩展人类智能，促使智能机器会听（语音识别、同声翻译等）、会看（图像识别、文字识别等）、会说（语音合成、人机对话等）、会思考（人机对弈、思维链等）、会学习（机器学习、自我迭代等）、会行动（机器人、自动驾驶等）。

人工智能的发展并不是一蹴而就的，而是通过时间与技术的积累，不断迭代到了现在的阶段。虽然人工智能研究的起源时间目前还没有一个绝对的定论，但它发展至今的五个主要阶段已经得到公认，分别是萌芽起步期、反思发展期、应用发展期、稳健发展期和新时期，总体呈“三起两落”趋势。

## 萌芽起步期：梦开始的地方

1950年10月，计算机之父艾伦·麦席森·图灵发表了一篇名为《计算机械和智能》(*Computing Machinery and Intelligence*)的论文，试图探讨到底什么是人工智能。在文章中，图灵提出了一个有趣的实验，也就是后来大名鼎鼎的“图灵测试”：

> 如何衡量一个计算机程序是否具有人类水平的智能？假如一个人类评委和一个计算机程序（或另一个人类）被分别安排在两个房间里，通过文字交流来进行测试。如果人类评委无法判断对方是人还是计算机程序，那么这个计算机程序就通过了图灵测试，被认为具有人类水平的智能。

这个如今看来有些简单，规则与边界并不明确的实验，其本身意义在于对人类智能的一种可操作性定义。由于实验的浅显易懂，即使对普通人而言都十分简单通俗，它迅速被各种科幻小说借鉴使用，获得了广泛的传播，并在当时激起了对人类智能本质的思考。事情的发展逐步上升到了哲学的程度，引起了来自哲学、计算机科学、认知和神经心理学等多个不同领域学者的广泛而激烈的讨论。要知道，当图灵提出这个实验时，甚至人工智能这个概念都还没有被提出。虽然在当时的技术条件下，计算机很难通过图灵测试，但这个目的明确的实验设计，确实鼓励了研究者们继续探索和发展人工智能的可能性。

随后，在1956年由约翰·麦卡锡（John McCarthy，LISP语言发明者）、马文·明斯基（Marvin Minsky，框架理论创立者）、克劳德·香农（Claude Shannon，信息论创始人）、奥利弗·塞尔福里奇（Oliver Selfridge，机器知觉之父）和纳撒尼尔·罗切斯特（Nathaniel Rochester，IBM首席设计师）等研究者组织召开的达特茅斯会议上，“人工智能”（Artificial Intelligence，AI）的概念被首次提出（会议主要组织者合照见图1）。这场在当时看来“虚无缥缈”的会议，足足开了两个月的时间，却始终无法达成普遍的共识。但不管怎样，这是人类历史上第一次围绕人工智能展开的专业研讨会，它标志着人工智能学科的诞生，因此1956年也被称为“人工智能元年”。在之后的十余年内，人工智能迎来了发展史上的第一个小高峰，并取得了一系列令人瞩目的成就，其中就包括第一台聊天机器人。

图 1　达特茅斯会议主要组织者合照，后排左到右：奥利弗·塞尔福里奇，纳撒尼尔·罗切斯特，马文·明斯基，约翰·麦卡锡；前排左到右：雷·所罗门诺夫（Ray Solomonoff，数学家），彼得·米尔纳（Peter Milner，神经科学家），克劳德·香农

1964 年，麻省理工学院的约瑟夫·魏泽鲍姆（Joseph Weizenbaum）开发了第一个按固定套路聊天的机器人 ELIZA。其工作方式是针对人类提问内容分析主词关联，并且找到其中的关键词，组合关键词并通过提出开放式的问题，模拟人类的回答。其最初的设计目的是帮助心理咨询医生来解决患者的精神问题。

## 最早的 AI 威胁论

1965 年，数学家古德（I. J. Good）在其发表的一篇题为《有关第一台超智能机器的猜想》的文章中，预测计算机将从各方面都超过人类的智慧能力。超智能机器的一个显著特点是具备制造更好机器的能力。它们的出现会引发“智能爆炸”，超智能机器将设计出更智能的计算机，它们的进化将远远超出人类的智慧。在文章中，古德写下了一句非常著名的话：“第一台超智能机器将是人类的最后一项发明，前提是这台机器足够听话，会告诉我们如何控制它。”

## 反思发展期：AI 的第一个寒冬

人工智能发展初期的突破性进展，大幅提升了人们对人工智能的期望，但也过度高估了科学技术的发展速度。而且，当时的人工智能大多是通过固定指令来执行特定的问题，并不具备真正意义上的学习和思考能力，因此一旦遇到新的问题或是稍具挑战性的问题，程序就会频繁出错。此外，当时的计算机硬件算力有限，无法满足复杂智能任务的需求。同时，人工智能的相关理论和方法也相对匮乏，缺乏足够的技术支持。这导致人工智能的发展速度与人们的期望不相匹配，许多人开始对人工智能的前景感到怀疑。

至此，人工智能陷入了第一次寒冬。在这个时期，人们对人工智能研究的资金投入和兴趣度都显著减少，许多研究项目被搁置或取消。计算机科学家们也开始反思和重新评估人工智能的发展方向，试图寻找新的突破点和研究思路。

## 应用发展期：AI 实际应用的突破

然而，寒冬终将过去，AI 的发展并没有因此便停下前进的脚步。时间转眼便来到了1980年，彼时，卡内基梅隆大学为DEC公司开发了一个名为XCON的专家系统，正式开启了AI应用发展的新高潮。

“专家系统”不同于早期研究者们对于“通用型AI”的幻想，它选择聚焦于单个专业领域，模拟人类专家回答问题或提供知识，帮助工作人员做出决策。专家系统是一套使用了人工智能的程序系统，可以简单地理解为“知识库＋推理机”的组合，先由人类专家整理和录入庞大的知识库，再由计算机程序判断如何根据提问进行推理并找到答案，实现所谓的推理引擎。这套“知识库＋推理机”的组合，将AI的能力限定在一个方向明确的小范围内，可以有效避免像通用人工智能那样的无法预料的问题。

XCON专家系统在当年取得了巨大的成功，每年能为公司节省四千万美元，也点燃了后续众多特定领域AI的研发热情。但好景不长，专家系统也逐渐暴露一些弊端——随着系统规模的增大，数据管理变得越来越复杂，而知识库又无法随着时间的推移而自动学习，必然导致输出结果中出现越来越多的错误。而更新知识库，势必意味着推理机的更新，当知识库持续更新和添加新的知识后，过于庞杂的维护成本让专家系统注定难以为继。

这个根本性的问题限制了专家系统的发展，并让人工智能研究陷入了一次新的低谷期。人们逐渐意识到，单一领域的知识和规则，并不能完全涵盖复杂的现实世界；而单纯地需要依靠人力维护的知识库是有局限的，真正的智能需要机器能够主动学习和适应。

## 稳健发展期：AI 逐步开始超越人类

随着人类对 AI 能力的认知不断趋于实际，以及硬件能力和算法理论的不断提升，人工智能的研究进入了稳健发展的时期。也正是在这一发展阶段内，上演了第一场足以青史留名的“人机大战”好戏。

1997 年，IBM 的计算机深蓝（Deep Blue）战胜了人类国际象棋冠军卡斯帕罗夫。这场“人机大战”的国际象棋比赛，不但在人工智能领域，而且在公众舆论领域，都引起了巨大的轰动和关注。它不仅展示了计算机在国际象棋这个复杂的智力竞技过程中所取得的突破，还标志着人工智能开始展现出在某些特定任务上超越人类的能力。

深蓝的胜利并非偶然，而是通过强大的计算能力和精确的算法实现的。通过庞大的算力，它能将棋盘上的所有可能性一一计算，完全可以称得上是未卜先知了。当在下国际象棋时，我们会考虑下一步或者几步的可能性，但深蓝则更进一步，且可以看得更远。它能够在比赛规定时间内，遍历大量的棋局变化，以找到最优的下一步棋。在当时，深蓝可搜寻及估计随后的 12 步棋，而一名人类国际象棋好手大约可估计随后的 10 步棋——能力远超人类顶级棋手，深蓝成为国际象棋领域的冠军。

这次 AI 胜利同样引发了许多讨论和思考。一方面，它证明了计算机在某些领域能够超越人类的智力，激发了人们对 AI 发展和应用的更大期望。人们开始思考，如果计算机在国际象棋这样的有限领域中能够胜过人类，那么在其他更广泛的领域中，是否也能取得类似的突破？

另一方面，这次比赛也引发了大众对 AI 挑战人类的担忧。一些人担心，随着人工智能的发展，它可能会取代人类的工作岗位，甚至对人类的社会地位和价值观产生冲击。这促使人们更加关注如何合理应用和管理人工智能，以确保其发展符合人类的利益和道德准则。

在这场载入史册的“人机大战”之后，互联网技术取得了迅速发展，这也加速了人工智能领域的创新研究，促使人工智能技术进一步走向实用化。

知识拓展

### 人工智能摧毁了国际象棋这项运动吗？

恰恰相反，在那场举世瞩目的国际象棋“人机大战”后，棋手们借助人工智能的力量，开创了国际象棋的全新时代。当时完成使命的深蓝转身而去，国际象棋领域充分认识到人工智能的力量，借助各种功能迥异的算法软件，加上互联网的普及带来的完全公开的对局信息，让人工智能吸收养分之后再反哺棋手，形成了如今国际象棋的全能助理：负责替棋手们收集信息，研发新招，开阔思路，弥补自身缺陷。在人工智能算法的帮助下，国际象棋的很多布局从此走向消亡，其中包括大部分弃兵局、王翼弃兵、别诺尼防御等，在高手中出现的频率越来越小，当年卡斯帕罗夫称霸世界的古印度正统变例，以及被无数高手喜爱的西西里防御龙式、纳道尔夫变例，都在如今的高手对弈中鲜有出现。但也有很多古老的对局，比如对王兵系，逐渐又流行起来。比起深蓝“人机大战”之前，动辄就要搬出数斤重的国际象棋相关书籍和至少滞后一个月的对局信息情报，在训练时运用人工智能算法节约了时间，提升了效率。后续20年间天才频出，少年高手林立，侯逸凡拿下棋后的时候只有16岁，挪威神童卡尔森登上棋王宝座时也只有23岁。诚然，国际象棋中的某些东西确实被取代了，但同时在人工智能的帮助下它又焕发了新的魅力。

## 新时期：AI 拉开新时代的序幕

随着大数据、云计算、互联网和物联网等信息技术的迅猛发展，人们积累了前所未有的海量数据。这些数据的重要性逐渐得到广泛认可，并成为推动人工智能后续发展的重要基石。特别是以深度神经网络为代表的人工智能技术的出现，为科学和应用之间的技术鸿沟架起了桥梁，引领了人工智能领域的飞速发展。

深度神经网络是一种模仿人脑神经系统结构的人工神经网络，具有多层次、多阶段的结构，能够对复杂的数据进行高效的学习和处理。这项技术的出现为人工智能的不同领域带来了重大的突破。例如，图像识别技术能够准确地识别和区分图像中的对象和特征，使计算机可以像人类一样理解和解读图像内容。语音识别技术能够将语音转化为文本或命令，实现智能助理和语音交互的应用。语义分析技术能够理解和解释文本、文章和对话中的语义信息，实现自然语言处理和智能问答。无人驾驶技术通过感知、决策和控制等功能，使车辆能够自主导航和驾驶，将大幅提升交通安全和出行便利程度。

这些突破的人工智能技术，不仅在科学研究领域取得了重要成果，还在各个应用领域展现出巨大的潜力和影响力。从医疗健康到金融服务，从智能家居到智慧城市，人工智能正逐渐渗透到人们的生活和工作中，为社会带来了许多便利和创新。它们的成功应用也进一步激发了人们对人工智能的研究和应用的热情。

2016 年和 2017 年，谷歌发起了两场轰动世界的围棋人机之战，其人工智能程序 AlphaGo 展现了惊人的实力，连续战胜了前任围棋世界冠军韩国选手李世石和现任围棋世界冠军中国选手柯洁。这一系列的胜利引起了全球范围内对人工智能的关注和讨论，被认为是人工智能领域的重大突破。

与之前的深蓝不同，AlphaGo 采用了全新的算法来应对围棋这个曾经被认为机器永远无法战胜人类的游戏。深蓝的算法需要遍历所有可能的走法，然而围棋的可能性甚至比目前已观测的宇宙内原子数还要多，因此遍历所有走法的方式是算力无法支持的。AlphaGo 采用“蒙特卡洛树搜索”（Monte Carlo Tree Search，MCTS）作为核心算法，这种方法又称“随机抽样或统计试验法”，是一种以概率和统计理论方法为基础的计算方法。简单来说，该算法使得 AlphaGo 能够进行“学习”，通过大量的棋局记录，学习哪些棋步有着更高的概率能赢得比赛，并不断根据记录调整概率。在真正的对决中，根据学习的内容，不断更新判断某一时刻棋局中各个点的概率，选择有更高赢面概率的点落子。

从算法来看，AlphaGo 所采用的方式与人类数千年来传承棋艺的方式本质上有些类似。不同的是，AlphaGo 能够使用 16 万局高质量棋谱来进行训练，而人类棋手穷其一生都未必能有其一个零头；能够通过大量的测试与算法，跳出传统经验的局部最优情况，走出人类传承经验之外的“神之一手”；强大的数据处理速度及严密的程序逻辑，相比人类棋手耗时更少、失误率更低。至此，人类棋类运动最后一个堡垒被人工智能攻陷，这也拉开了 AI 新时代的序幕。

##  未来：AI 将陪伴人类走向何方？

如今，OpenAI 发布的 ChatGPT 进一步模糊了人机之间的界限。ChatGPT 真正强大的地方在于，它除了能够充分理解我们人类的问题需求外，还能够用流畅的自然语言进行应答。这是以前的语言模型所不能实现的。

比如，ChatGPT 可以理解和编写代码。你可以向它提关于编程的问题，它能够分析代码逻辑并给出相应的解释。这对于那些学习编程或遇到编程问题的人来说，是一个非常有用的工具。

另外，ChatGPT 还具备事实性知识和常识。你可以问它关于历史事件、科学知识、地理问题等各种领域的事实，它都能给出准确答案。它还能够理解并回答你关于生活常识的问题，比如健康饮食、历史地理、生活技巧，等等。

最令人惊叹的是，ChatGPT 能够理解以前没有见过的新指令，并生成合理的回答。它具备学习的能力，可以根据之前的对话和训练数据进行推理和预测，从而做出智能回应。

此外，ChatGPT 还展现了一定程度的思维能力。它可以解答简单的数学题目，思考问题的步骤，并给出正确的答案。虽然它的思维能力有限，但对于一些基本的问题，它仍然可以提供有帮助的回答。

从 1950 年图灵测试被提出，到 2022 年 ChatGPT 3.5 的横空出世，人工智能经历了长达七十多年的演进和发展。在这期间，科学家、工程师和研究者们付出了不懈的努力，推动了人工智能技术的突破和应用。目前来看，ChatGPT 已然具备了通过图灵测试的能力，人工智能终于跨过了人类设想中的“最初的门槛”。

总的来说，人工智能的风靡让我们对未来充满了展望和想象：一方面，人们对于它能带来的便利和智能感到兴奋和期待；另一方面，人们也对其潜在的风险提出了质疑和担忧，如信息的真实性、隐私和伦理等方面的问题。

科技发展究竟会将人类带向何方？这是我们需要认真思考和探索的问题。在任何技术发展的同时，风险都与之随行，而这风险的根本来源，往往都在于人，而不是技术本身。科技始终只是一种工具，它的发展和应用取决于人类的决策和使用方式。我们需要加强对科学技术的监管和伦理规范，确保其发展符合人类的根本利益和价值观。我们更应倡导一种积极的科技人文精神，将技术发展置于人类发展的整体框架中，只有培养自己的科技素养，提高自己对技术的理解和判断能力，才能更好地应对技术发展带来的挑战和变化。

科技发展将把人类的历史带向何方？这最终取决于我们人类自己。

# 第二章

## 机器大脑：人类的模仿者

## 第一节 如何让机器学习与思考

曾经，人们认为只有人类才能思考和学习。然而现在的世界正变得越来越神奇，因为我们教会了机器思考。是的，你没有听错！那些冰冷的金属机械，竟然也能像我们一样思考、学习，甚至创造……

机器可以像人类一样学习和思考，这就像给一台普通的计算机赋予了魔法般的能力。想象一下，你的电脑或手机变得越来越聪明，可以帮你回答各种各样的问题，可以和你聊天，甚至可以帮你创造美丽的艺术品。这些都不再是科幻小说中的情节，而是现实中正在发展的科技。

那么，你是否感到好奇，想知道机器的“大脑”究竟是如何学会思考的呢？

其实，训练机器学习的基本思路，和我们日常做作业、刷题十分相似。对一个学生而言，做对一道题所获得的知识积累，其实反而不如做错一道题再订正它来得更多。对机器来说也是同理，在过去的很长一段时间内，机器只能做对程序已经预设好的事情，却无法从做错的事情中获得任何新信息。但是“机器学习”的出现改变了这种情况，它让机器也可以像学生一样订正自己的错误，并从中汲取经验。可以从错误中学习——这正是机器学习的魔力，也是它让机器变得越来越聪明。

为了让机器掌握学习和思考的能力，科学家们使用了各种各样的方法。他们让机器观察世界、分辨图像、听懂声音，甚至可以用自然语言和人类交流。在这条奇妙的探索道路上，科学家们想了很多，也采用了很多不同的方式方法，并形成了不

同的学派。接下来，我们就介绍一下其中最有代表性的三个学派。

## 符号主义：用规则解释智慧

在 20 世纪 80 年代，一种学派从众多机器学习研究学派中脱颖而出——符号主义，他们认为知识是信息的一种形式，是构成智能的基础，而智慧则是通过数学逻辑的方式实现知识的表示、知识的推理及知识的运用。

举个例子，我们想要以符号主义的理念做一个厨师机器人，那么我们就必须事先告诉机器人各种菜谱。如果客人点的菜是番茄炒蛋的话，需要在油热后第 3 秒加入蛋液，60 秒后加入切好的番茄，翻炒 5 分钟后出锅。虽然这个流程看似十分智能，但是它也意味着，如果我们想让厨师机器人学会做全世界的所有料理，就必须先由我们自己把全世界已知的所有菜谱都输入进去！而且，厨师机器人本身没有学习能力，所有的知识都来源于菜谱的设定，无法根据客人的口味对菜肴进行微调，更别提独立开发新的菜谱和菜品了。更麻烦的是，为了配合这个厨师机器人烧菜，它所需要用到的关键食材，也必须按照菜谱中的“标准化”来提供。换句话说，如果番茄的颜色出现变化，鸡蛋的大小不符合要求，甚至是油盐酱醋的品牌换了，那么厨师机器人就可能会罢工，甚至“炸厨房”。

这样的厨师机器人只是一个例子，按照符号主义的思路，能够被开发出的所有机器人都将如此死板。在千变万化的日常生活面前，它们无法体现多少实用价值。

因此，为了让机器人变得更聪明、更实用、更能够应对生活中的各种真实情况和突发意外，计算机科学家们开始探索让机器人自主学习的方法。“机器学习”这一理念便被提了出来。简单来说，它就是要让计算机具备像人一样的学习能力。而后，在机器学习的探索中，又诞生了行为主义和联结主义。

## 行为主义：像驯狗一样训练 AI

行为主义认为人工智能源于控制论，其最具代表性的方法是强化学习。所谓“强化学习”，就是通过奖励人工智能的正确行为，来鼓励人工智能不断改变自身行为，朝更大的收益方向靠近（AI 的行为越正确，则获得的奖励越多，越靠近更大收益方向），直至达成预设目标。

这种方法其实与马戏团训练动物有些相似。比如，我们想让小狗学会顶球，那么我们就可以这样做：首先，准备一些零食作为奖励。其次，每当小狗做出顶球的动作时，就把零食奖励给它。小狗的大脑记住了这个动作所能带来的效果（也就是获得奖励），等它下次遇到球时，它自然会更主动、更有信心地去顶球。最后，重复多次以后，小狗就能熟练掌握顶球的动作技巧了。

这正是强化学习的基本原理。与训练小狗相似，我们训练人工智能时，也需要建立一个“奖惩机制”。人工智能可以观察当前的状态，并基于这些状态选择行动。每当人工智能采取行动时，它都会收到一个奖励或惩罚作为反馈，以衡量该行动的好坏。

人工智能强化训练的目标，是通过不断试验不同的行动，最大化累计奖励的总和。为了实现这个目标，它会用价值函数来进行评估。价值函数的运算结果会向人工智能反馈，告诉它在所处状态下采取哪个行动可以获得更多的奖励。如果某个行为导致了正面的结果（比如获得奖励），它就会记住这个行为，并在类似的情况下重复使用；如果某个行为导致了负面的结果，它也会学着避免这个行为，以便获得更好的结果。这种方法在人工智能研究中非常有用，它可以应用于很多领域，如自动驾驶汽车、智能机器人等。

当然，人工智能在进行强化学习的过程中，也会出现一些“意外”：有时，它们会用人类意想不到的办法来完成预设目标任务。这类人工智能的“作弊行为”有不少令人啼笑皆非的经典案例，让我们来看看其中的一则。

在这则案例中，研究者希望智能机器人可以通过强化学习的方式，找到将一个方块移动到迷宫内指定位置的最快办法。他们为机器人设定了奖励规则：每次机器人将方块移动到目标位置，都会得到一定的积分奖励，它完成任务所用的时间越短，则获得的积分奖励越多。

一开始，机器人通过不断尝试逐渐掌握了实验者希望它掌握的动作技巧，比如推、拉、旋转方块等，对这些动作的合理运用可以增加它在任务中的得分。然而渐渐地，机器人似乎对这些办法不再感兴趣，在一次次试错中，它领悟到了一些其他的“技巧”——

研究者惊讶地看到，机器人开始用它的机械臂抓起方块，并把它抬到空中，通过“身高优势”直接越过迷宫，然后再在目标位置上松开机械臂，让方块直接掉落到目标位置上。它甚至不断重复这套动作，让自己的完成速度越来越快，投掷准确率越来越高。这样一来，机器人可以轻松地获取高额的积分奖励，因为抓起方块并往下扔的过程非常简单，且能快速得分。若不是研究者停止了实验，它说不定都要学会从起点向目标扔出一条“三分球抛物线”了。

在人类看来，这当然就是“作弊”，因为实验的真正目的其实是让机器人学会“如何以最快速度将方块移动到迷宫内的指定位置”。但机器人并不完全明白这一点，根据强化学习的原理，它只关心奖励，却不在乎具体的实现方法。只要能获得更多的奖励，机器人就会选择最有效的方法。

这个例子告诉我们，在强化学习中，人工智能可以找到人类意想不到的方法来实现目标。AI 并不拘泥于我们认为合理的方式，而是通过不断试错来找到最有效的方法。而这可能会是一把“双刃剑”，在解决复杂问题和优化任务方面，人工智能既有可能打开全新思路，也有可能带来未知风险。

## 联结主义：仿生人能梦见电子羊吗？

联结主义源于仿生学，特别是对人脑模型的研究。它是一种利用数学模型来研究人类认知的方法，通过对人类大脑中神经元的研究，联结主义试图模拟神经元的连接机制，来实现人工智能。

我们每个人的大脑内，都有数以亿计的神经细胞，而神经细胞的作用就是释放、传输、接收大脑内的电信号。每当我们思考时，大脑中的某一些神经细胞就会释放一段电信号，经过神经细胞间层层处理，形成复杂的电信号网络，最终形成我们的思考。

人工智能中的神经网络算法也是如此——通过计算机程序，模仿神经细胞相互之间的电信号关系。举个例子，假设你和一群朋友打算“横穿中国”，从最西面游历到最东面。然而，祖国的地域是如此辽阔，从东到西的旅程可以有无数路线。比如，你们可以选择走南面的线路，从宝岛台湾开始，先去鼓浪屿看海，再去广东吃吃早茶，去海南岛游泳冲浪，然后取道云贵高原，最终横穿西藏到达旅行终点；你们也可以选择从北面走，在黑龙江看看冰雕雪景，在内蒙古大草原上策马奔腾，再重温张骞打通的丝绸之路，穿越新疆到达终点；你甚至可以和朋友们分头行动，大家各自去自己想去的地方，最后再在终点集合，一起聊聊旅途的所见所闻。

在这段旅途中，旅行路线就相当于神经网络，而你和朋友们就如同神经网络中的电信号，每一座旅行路过的城市就是神经细胞，每一个景点都是一次思考的结果。而且，我们能根据每个景点的参观体验，对后续的行程安排做出调整，“上次往北面黑龙江走太冷了，这次往南面去吧”“去海南我不会游泳啊，换成广西吧”，等等。最终，经过多次的重新规划，你们将找到合乎心意的旅行路线。同理，神经网络也是基于这样的原理，变得能够按照开发者的意图去执行任务。

## 第二节 让机器变得更聪明的神奇算法

除了刚刚提到的神经网络，大家在平日里聊起 AI 相关的内容时，是否也经常会把一些“高冷”的术语挂在嘴边呢？比如机器学习、深度学习……

但你真的理解这些词汇的含义吗？其实，对于非人工智能领域的人士而言，这些词汇所对应的概念往往有点模棱两可，以致很难分清不同概念之间到底有怎样的区别和联系。有时候，甚至感觉这些术语即使相互替换一下，似乎也没什么区别嘛！

事实上，这些概念的关系有点小复杂。以其中最重要的三个——机器学习、深度学习和神经网络为例，这三个高频热词与人工智能领域之间的关系，一句话说不清，但好在可以用图 2 比较直观地呈现出来。

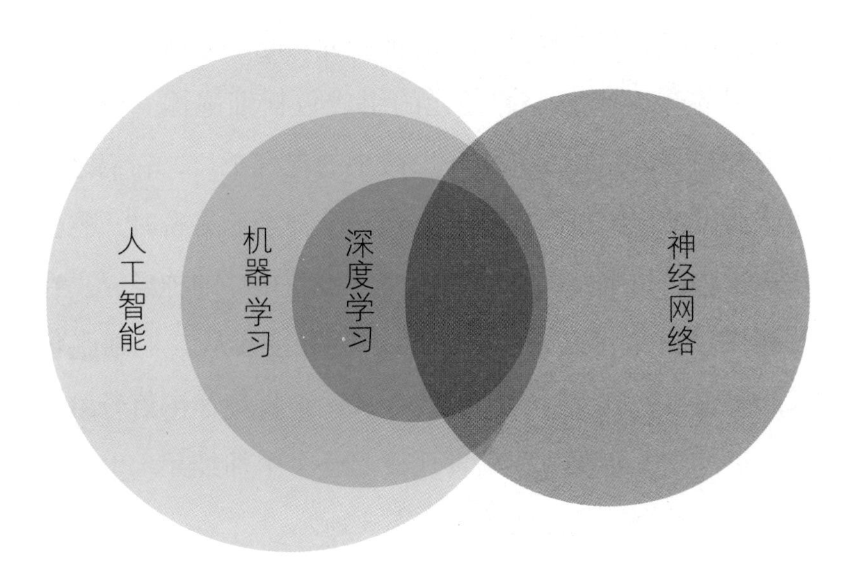


图 2　机器学习、深度学习、神经网络与人工智能的关系

## 人工神经网络：一种模仿人脑的机器学习方法

在人工智能的核心中，有一个神秘而又神奇的东西，那就是人工神经网络。你是否曾好奇过，这个神奇的网络究竟是如何令机器具备了学习和思考的能力呢？

当我们谈论人工神经网络时，我们常常会提到它是受到人脑神经系统的启发，从而设计出来的。因此，如果想要更好地理解人工神经网络，必须首先了解生物世界中的神经元。

在人体内，有着数以亿计的神经元，它们是构成生物神经网络的基本单元。一个神经元的组成包括细胞体、树突、轴突、突触。每个神经元都像一个微小的电气工厂，它们之间的通信是通过电化学过程实现的。当一个神经元兴奋时，它会释放化学物质，产生一个脉冲，传递信号到相邻的神经元。在这个过程中，树突可以视作输入端，负责接收从其他细胞传递过来的电信号；轴突可以视作传导线，负责传递电信号给细胞体；突触可以视作接口，负责连接起一个个神经元。单个神经元可以与上千个神经元连接，如图 3 所示。

生物神经网络具有惊人的适应能力和学习能力，其背后的关键因素就在于“突触可塑性”。突触是神经元之间的连接点，信息通过突触传递。而“突触可塑性”指的就是突触的连接强度是可以改变的，并且这种变化可以伴随学习和经验而发生。比如，当两个神经元频繁地同时激活时，它们之间的突触连接数量就会增多，在这种情况下，会更容易传递信号，类似于我们反复学习某个知识点，加深记忆。反之，如果两个神经元很少同时激活，突触的连接数量就会减少，传递信号的能力也随之降低，就像我们长时间不使用某项知识或技能，最终遗忘一样。有了突触可塑性，神经元才可以根据经验和学习来调整彼此之间的连接数量。这就像是大脑内部的一种自适应机制，能够帮助我们更好地适应新环境、学习新知识。

而人工神经网络正是受人脑神经系统的运作模式启发，被构造出来的一种数学模型。它通过模拟人脑神经系统的工作方式，使机器也可以像人类一样进行学习和决策。

在人工智能的神经网络中，整个模型由输入层、隐藏层和输出层组成，每一层都包含许多也被称为“神经元”的计算机节点，它们是计算机程序对人脑神经元的模拟。每个人工神经元都有输入连接和输出连接，并且可以通过数学运算调整各节点的权重来控制信号的流动。这种“权重调整”的灵感来源，就是生物神经网的“突触可塑性”。

如此一来，人工神经网络才更像是计算机的大脑。对它而言，学习一项新任务就好比你学骑自行车。第一次你可能会摔倒，但是慢慢地，你的大脑会记住哪些动作是对的，哪些是错的，这样你就能够保持平衡了。其背后的原因就是我们的大脑在学习新东西时，某些相关突触连接变多，让我们记住了正确的方法。人工神经网络也采用类似的结构和模式，当接收到输入命令时，它会根据这些连接的强度来做出决定。如果某个连接被用得很多，就像我们不断练习某项技能一样，它就会变得更强，从而影响整个人工神经网络的决策。在人工神经网络中，类似“突触可塑性”的概念被应用得非常广泛。因此，人工神经网络的“学习秘诀”，实际上就是调整网络中神经元之间的连接权重，使网络能够更好地完成特定任务。

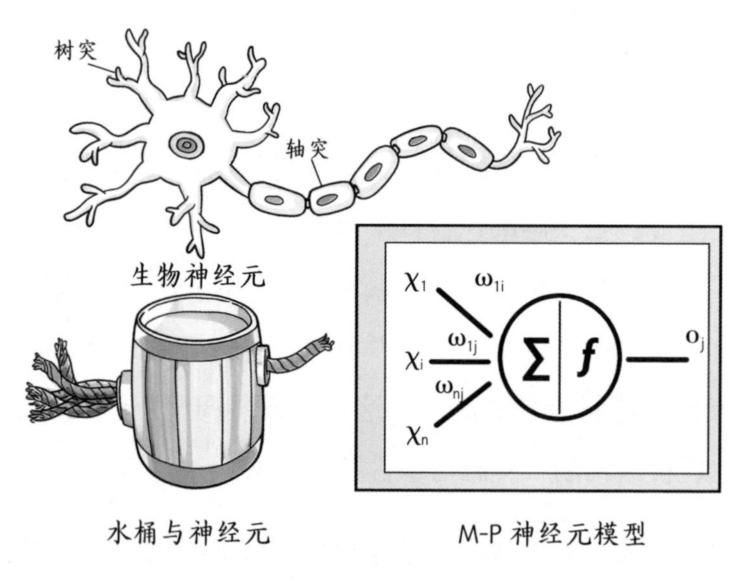


图 3　从生物神经元到人工神经元模型

为了帮助大家更形象地理解人工神经网络算法的过程，我们还是拿之前提到过的 AI 料理机来举例吧！整个算法就好比是一台形似水桶的大型料理机，它的一头是很多食材的入口，另一头能产出美食，中间则是神秘的料理过程。现在，假设我们将鸡蛋和米饭放入这台神秘的料理机器中，通过不同的料理加工方式（即神经元权重的不同），我们能得到截然不同的菜品，比如饭和蛋混在一起的蛋炒饭，先做蛋再做包裹住米饭的蛋包饭，甚至完全分开的荷包蛋加米饭套餐。在这台 AI 料理机学习用鸡蛋加米饭烧制美食的过程中，一开始它可能会遇到很多问题，比如蛋炒饭可能没炒熟或者焦了，这时 AI 料理机就需要不断调整负责“火温”的神经元节点的权重参数，直到学会能烧出完美蛋炒饭的火候。同样，这台料理机也可能出现另一种状况，就是当它掌握完美火候后，却发现最终烧出来的菜依旧不是客人想点的蛋炒饭，而是蛋包饭。此时，它又会尝试调整其他神经元节点的权重参数，然后它可能会发现是负责“蛋饭比例”的权重参数存在问题，再开始对这个参数进行调整。总之，人工神经网络算法要做的，就是通过调整各个神经元节点的权重，让算法逐步学习料理的过程，从而产出我们真正想要的菜肴。

对生物神经网络的模仿，使人工智能系统也具备了适应性和学习能力，能够在不断变化的环境中不断进化和提高性能。但必须注意的是，尽管人工神经网络与生物神经系统存在许多相似之处，可鉴于目前对大脑的工作原理的研究有限，计算机程序模拟的人工神经网络模型与真实生物神经系统之间仍有很多不同。例如，生物神经系统具有庞大的神经元和突触数量，而人工智能的神经网络通常节点和连接数无法达到该量级。另外，生物神经系统有复杂的空间结构和连接及突触的连接强度也有不同，这些结构的规则尚未被完全搞清楚，人工智能的神经网络还无法模拟出类似的空间结构及连接强度。

生物神经网络是自然界最为复杂、精密的系统之一，它的奇妙之处不仅在于结构的复杂性，还在于它所赋予的智慧和适应性。通过深入了解生物神经网络，我们既能欣赏人工神经网络的伟大，也能意识到人工智能技术在向生物智慧的逼近过程中所取得的成就。在这个奇妙的旅程中，我们既看到了自然界的智慧，也看到了人工智能的未来。

## 机器学习：一种让机器开始学习的方法

机器学习是一大类算法的统称，为了实现机器学习的理想目标——让计算机像人类一样学习和行动，概率论、统计学、逼近论、凸分析、算法复杂度理论等领域的科学家们，必须使用算法来进行数据解析，令计算机从中学习，然后再尝试着对真实世界中的事件做出决策或预测。

机器学习这一类算法，与传统算法有着很大的不同。传统算法只能算作解决某些特定任务的软件程序，而在机器学习算法的加持下，计算机可以自己观察、总结并改善操作，就像我们人类通过读书、经验学到新东西一样。

就拿“烤比萨”来举例吧！烤比萨需要根据面饼的大小、比萨种类和食材配料来调整不同的火候，如果放在我们面前的是一台传统算法编码的比萨料理机，那它就只能烤出预设的固定类型的比萨，一旦厨师希望改变比萨的形状、大小或是使用创新的食材，那传统算法编码的机器一定束手无策。相比之下，一台有着机器学习算法的比萨料理机，可以通过学习传统种类比萨的烤制方式来获取经验，从而根据比萨大小、种类、配料等因素，来自动调整烤比萨的温度和时间，最终实现可以烤出任何种类的比萨。你想要的比萨越奇特，这台机器需要学习的知识就越多。它会通过观察已知种类的比萨，比如培根比萨或芝士比萨，学习它们的特点，然后尝试用相似的方式制作新的、从未见过的比萨。直至有朝一日，你甚至可以要求它，为你烤制一份专属的大份、草莓味、外星人比萨，而这台拥有机器学习算法并进行过大量学习的比萨料理机，依旧能够完美地满足你的点单。此时，它已经完全学会了如何根据顾客的需求烤制 DIY 比萨。

机器学习有三大“魔法法术”，分别对应三类算法。

第一类被称作“无监督学习”，它可以发现隐藏的规律。

计算机会通过算法从海量的数据中自动寻找其中的规律，再运用寻找到的规律对新的数据进行处理。这就好比让计算机成为一个聪明的侦探！我们给它提供一堆照片，但并不告诉它这些照片里有什么，计算机要像侦探一样，自己找出其中的警察、坏人、无辜者和犯罪嫌疑人的特征，然后告诉我们它究竟发现了什么！

第二类则是“监督学习”，这是一种有标签的学习，指的是对于算法分析的数据都会预先给一个标签。如果任务是区分猫和狗，那么当我们在给计算机一堆猫猫狗狗的照片时，还需要在这些照片上打好标签，告诉它哪些是猫、哪些是狗。计算机会依据标签进行数据分析，总结其中的规则。在此之后，当我们再给它一张新照片，它就可以准确地告诉我们这是猫还是狗。监督学习就像是给计算机提供了一本图鉴，相比于无监督学习，这种方式需要更高的人力成本，但计算机也可以更快地掌握事物所对应的特点。

第三类算法是“强化学习”，指的是提供一种激励机制。这就像是在让计算机玩游戏，每当算法往正确的方向前进，或者得到更好的答案后，都会得到更多的激励，以此去促进算法往正确的地方一步步完善，直至找到最佳解决方案。计算机通过不断尝试和被奖励，能够学会哪些是正确的行为，哪些是错误的。这种学习方式就像是在游戏中一步步探险，计算机真正在学习成长的过程中变得越来越聪明了！

## 深度学习：引领人工智能新浪潮

深度学习是近年来人工智能领域中一个新的研究方向，并且在很多方面都取得了巨大的成功。从根源来讲，深度学习是机器学习的一个分支，深度学习的概念源于人工神经网络的研究，但是并不完全等同于人工神经网络的“plus”版。

为了更形象地说明深度学习与人工神经网络之间的关系，我们不妨仍用人工神经网络是一台料理机器这个比喻。只有一台料理机的情况下，能做的菜肴有限，做一顿工作午餐或许可以胜任，但要它给大家烧一大桌年夜饭，那就有点难以实现了。那么，吃上人工智能烧的满汉全席就注定是天方夜谭了吗？

聪明的计算机科学家们表示不愿就此认输，他们很快就找到了一个新灵感！不知道你有没有观察过饭店后厨和自己家里大人烧菜时的情形，这两者其实存在极大的不同。在家里，往往妈妈一个人就要负责洗菜、切菜、拌凉菜、烧热菜，甚至煎、炸、炖、炒各种菜品，四菜一汤忙活完，就已经筋疲力尽。但在饭店后厨，一位主厨可能要负责几十桌菜，他究竟是怎么做到的呢？这是因为，在饭店后厨，所有的烧菜步骤都被精细化分工了，洗菜有洗菜工，切菜有切菜工，凉菜有凉菜师傅，热菜有热菜师傅，而主厨则更多地负责这些人员的统筹调度和饭店的招牌菜。当烧菜的过程被按照步骤拆分后，每个厨师都可以在自己最擅长的步骤上发挥作用，其工作效率自然比一个人完成整道菜的所有步骤要高得多。

同样的道理也启发了计算机科学家们，虽然一台 AI 料理机实现不了满汉全席，但如果把好多台串联起来呢？一台料理

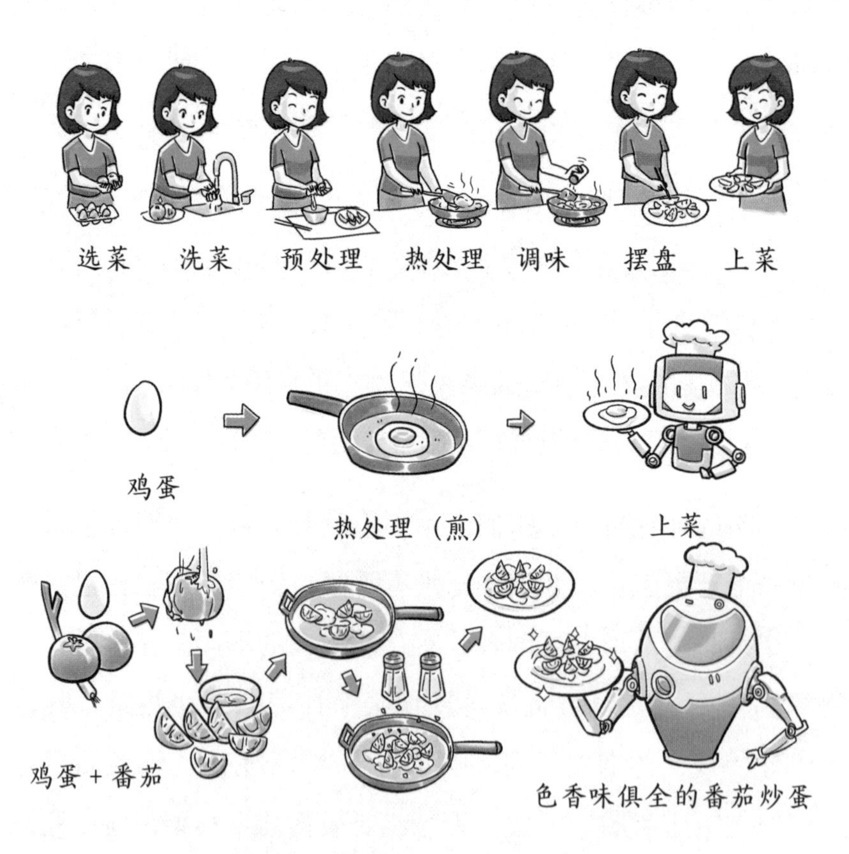


图 4　用深度学习的原理来烧菜

机的输出端连接着另一台的输入端，每台料理机只需要专精自己的领域，这样不就能做出更复杂的菜品了吗？于是，深度学习就此诞生了！

如图 4 所示，烧菜的步骤数可以类比为深度学习的层数。我们都知道步骤越多的菜越难烧，比如，同样是使用鸡蛋作为原料，通过不同的步骤，最终呈现的菜品是不同的。如果只是简单地通过“煎”这个操作，那最终呈现的是煎蛋；但如果使用多个步骤，通过“打蛋”“加番茄炒”“加作料”“摆盘”等步骤，最终呈现的是一道美味的番茄炒蛋。当然，步骤越多不仅代表着菜品能呈现出更多的可能性，同样还给我们的料理机带来了更大的挑战。

同样的道理对深度学习也一样——层数越多就代表学习的深度越深，算法自然也越复杂。可如果我们反过来看的话，假设一台 AI 料理机掌握的烧菜步骤越多，那它肯定也能烧出更多不同的菜，比如一台配备了烤箱功能的 AI 料理机，就能比没有这个功能的料理机完成更多的西餐料理。因此，拥有更复杂算法、可以完成更深度学习的人工智能，可以比普通人工智能拥有解决更多问题、适应更广泛的能力。

但为什么说深度学习并不完全等于人工神经网络的“plus”版呢？这是因为在现实中，人工智能的应用从不仅局限于某个单一领域。人工智能的潜力可远不是把“烧菜发挥到极致”的 AI 料理机这么简单！科学家们发现，没必要每一层都是料理机呀——在深度学习层数整合的过程中，也可以把其他算法融合进来，深度学习既可以用人工神经网络的算法作为其中的几层，也可以用别的算法来作为其中的层级。这就像是一台AI料理机可以进一步整合包装步骤、销售步骤、送货步骤，等等。想想看，当我们将这些步骤都按顺序排列好以后，得到的究竟会是什么呢？只是一台超级AI料理机吗？并不是！此时，它已经完全超越了料理机的范畴，蜕变成了一个自动菜肴加工厂，甚至是一条完整的食品产业链。

而这正是深度学习最令人着迷的地方，由于层级组合的多样性，它呈现出了惊人的潜力。也许在不久的将来，我们会看到更多令人惊叹的发明和创意！

# 第三章

# 智能眼睛：计算机视觉与图像识别

## 第一节 计算机视觉应用于各行各业

你知道我们的眼睛可以帮助我们看到周围的世界，对吧？而计算机视觉就像是计算机的眼睛，能够看懂图片和视频，就像人一样！

计算机视觉属于人工智能的一个分支，目的是让计算机和系统能够模仿人类对视觉图像中信息的提取，从图像、视频和其他视觉输入中获取有意义的信息，并根据该信息采取行动或提供建议。计算机视觉赋予机器发现、观察和理解的能力，是机器学会思考的过程中迈出的关键一步。

图 5　斑马线上的行人们

就拿图 5 来举例吧！对于普通计算机而言，这仅仅是一张普通的二维图片，由一堆不同颜色的像素点按照规律排列起来，与别的图片没有本质上的区别。但对于具备计算机视觉算法的计算机而言，图片里充满了信息。它会识别出图像中的对象及特征，比如形状、纹理、颜色、大小、空间排列等，从而尽可能完整地描述该图像，并从中提取有效信息，采取正确行动。假如它识别出图片中的物体包含了人和车，就会进一步思考，判断出“这是一条斑马线”“这群人正在面向右边，行走在斑马线上”，等等。而如果它是自动驾驶汽车所搭载的计算机视觉算法的话，它还会根据识别出的信息，更进一步地采取刹车等有效行动。

在人工智能领域，计算机视觉的应用已经非常广泛。通过计算机视觉，人工智能系统可以进行图像识别、目标检测、人脸识别等任务。我们刚才提到的在自动驾驶方面的应用，只是计算机视觉的冰山一角。现如今，计算机视觉的广泛程度难以言表，其应用领域遍布我们日常生活的各个方面，使得我们的生活更加智能化，为人类社会带来了巨大的便利和改变，也为未来的科技发展开辟了无限可能。

接下来，让我们一起捋一捋，计算机视觉究竟渗透到了我们生活的哪些方面？

## 影视娱乐领域：动作捕捉

你有没有想过，电影中栩栩如生的巨人、恐龙、怪物，究竟是怎么拍出来的呢？这些令人目眩的幻想生物背后，其实都可能隐藏着一位位真实的演员！

为了能够在电影中展示现实中不存在的生物或物体，以前的影视制作者们多采用影像描摹的方式，来绘制电影的神奇画面。而随着计算机技术的成熟，利用计算机记录物体运动轨迹，并转换成动画的技术，使人们不必经过绘制过程，就可以使用现场连续镜头作为动画的基础。这就是动作捕捉（Motion Capture）技术。

图 6　机械式动作捕捉

就像图 6 所展示的那样，早期的动作捕捉技术大多为机械式动作捕捉，依靠机械装置来跟踪和测量运动轨迹。但笨重的机械结构对于表演者来说是一种很大的阻碍，非常影响发挥。

如今的光学式动作捕捉，可以完全脱离机械的桎梏。这种技术已经在我们的日常生活中被大量使用，最典型的例子就是短视频平台中的大量特效滤镜。这些滤镜的实现原理其实并不复杂，程序只需识别出人脸上的几个关键部位，如图 7 所示，比如眼睛、鼻子、嘴

图 7　光学式动作捕捉

巴，就可以基本定位我们的脸部骨架，然后将特效施加到脸部骨架上，并实时跟踪骨架的运动轨迹，就可以实现一个简单的脸部滤镜特效了。当然，我们普通人日常使用的滤镜是非常粗糙的，而得益于现在的专业硬件设备在精度方面的不断提高，以及计算机算力的不断优化，适用于影视行业的光学式动作捕捉也在近十年间日臻成熟。基于计算机视觉系统，利用图像识别和分析技术，可以直接识别表演者身体的上百处关键部位，并测量其运动轨迹。在此基础上，计算机会自动形成一个精细的“骨架”，再通过 CG 特效为这个“骨架”增加各种各样的外衣。这样一来，在 AI 的加持下，特效演员再也无须穿上笨重的机械结构外衣，便可以自由地表演。

CG 特效中的 CG 究竟是哪两个单词的缩写？这个问题众说纷纭，有人认为指 Computer Graphics（计算机图形学），也有人认为指 Computer Generated（计算机生成）或 Computer Geometry（计算机几何学）。其实无论如何取词，CG 的含义都与电脑制作和数码图像紧密相关。CG 特效是由电脑创作出的，当传统特效手段无法满足影片要求的时候，就需要 CG 特效来实现，它几乎可以实现人类所有能想象出来的效果。

目前的动作捕捉技术已经能捕捉到非常精细的表情和动作细节，并将这些动作应用到电影、游戏或动画片中的虚拟角色身上。其中，有不少技术核心对 AI 图像识别的依赖性极强。首先是“精准捕捉”，传统的动作捕捉系统通常使用特殊传感器，但这些传感器可能受到环境限制，导致捕捉的数据不够精准。AI 图像识别利用摄像头和深度学习算法，能够更准确地捕捉演员的动作，包括微小的表情和肌肉运动。此外，AI 图像识别还可以保证实时反馈，即实时处理捕捉到的数据，并将其转化为虚拟角色的动作。这意味着导演和动画师能够在演员完成动作的同时，立即看到虚拟角色的表现，从而更好地指导演员，使角色动作更加自然和生动。此外，AI 图像识别还可以分析并处理特殊效果，如角色的变形、特殊动作或特殊场景。此类效果如果想取得较好的视觉感受，通常需要高度的精准度和复杂的计算。例如，1986 年版电视剧《西游记》中，孙悟空变身时可以看见明显的抠图边缘，这就是因为当时计算机技术不发达，只能使用人工处理的结果。近半个世纪后的今天，AI 技术已经可以更好地满足这些需求，并且更加简单、迅速、低成本。

总的来说，AI 图像识别在影视行业的动作捕捉中，不仅提高了捕捉的精准度和实时性，还为制作团队提供了更多创意和操作上的便利，使影片、游戏和动画的质量得到了显著提升，也让普通人拥有了在短视频平台上实现换装和穿越的新奇特效体验。

## 知识拓展

### 下一部电影还需要拍摄吗？——对 Sora 的畅想

你有没有幻想过，将自己梦中的情节变成电视剧，将你幻想的故事变成电影？不需要烦琐的流程，不需要庞大的团队，也不需要高昂的投资，只要自己想一想，机器就能按照你的想法做出完美的视频？现在有个好消息，这个梦想可能离我们不远了！

2024 年 2 月 16 日，OpenAI 发布了首个能够通过文本生成视频的模型——Sora。这个模型可根据用户输入的纯文字或图文描述，生成一段 60 秒的视频内容。而且，它所生成的视频内容，不仅符合现实世界的物理规律，还可以根据用户的反馈进一步修改已有视频的风格或者元素，甚至能基于原视频延长和拓展视频。尽管目前的版本仍然会出现一些逻辑错误、因果混乱，比如跑步时方向搞反、人吹蜡烛火光不灭，但这并不妨碍 Sora 的惊人效果，激发了许多人的“导演梦”。

Sora 完全可实现短视频的摄影、导演、剪辑等任务，即使在专业影视领域，群演、布景、特效等大量内容也都可以尝试用 Sora 去协助完成，影视创作的门槛和经费会大大降低。

可能在未来，所有的幻想都能变成视频，所有的小说都能变成电影。只要有故事、有创意，我们人人都能成为“导演”。

## 汽车交通领域：自动驾驶

如今的汽车行业正迎来一场前所未有的大变革。就目前的发展形势来看，这场变革的发生几乎已成定局。虽然人们还不能确定它到来的具体时间，但能够听见伴随它而来的倒计时的嘀嗒声了。

为什么这么说呢？主要有两个原因：一方面，新型能源正在崭露头角，对传统燃油车形成了一记重击；另一方面，计算机领域的发展也让车变得越来越“聪明”，数字化和智能化成了这场变革的关键词。其中最大的黑马就是自动驾驶技术，它就像是个魔法师一样，即将重新定义我们的出行方式。

想象一下，未来你可能无须亲自操控方向盘、踏下油门或刹车，车辆会自动行驶，如同一位隐形的司机。新时代的汽车将不仅仅是“跑得快”那么简单，在大量 AI 科技的加持下，汽车将变成一个会思考、会和你对话的智能小伙伴。说不定，你不需要告诉它一个具体的地点，只需跟它说一声：“师傅，我想吃火锅！”它就能贴心地把你送到附近评分最好的那个火锅店。假如你不太能吃辣的话，它甚至有可能会主动避开川味火锅店，而把你送去潮汕火锅店。可以预见，未来的汽车将不再只是单纯的代步工具，它会变得越来越“懂”我们。这就是数字化和智能化汽车带来的新体验！

实现智能汽车的关键一步是自动驾驶技术。其实，自动驾驶的最终目的就是要让车辆在无驾驶员操作的情况下，可以自行安全地执行驾驶。基于计算机视觉的自动驾驶系统需要有三个环节，分别是感知、决策、执行。

感知，是通过车辆周身的摄像头采集周围的环境图片并进行处理。这就好比人类用眼睛去看一样，比如前方是否有车或者行人，是红灯还是绿灯，右侧驾驶员盲区是否有车等信息，都需要用计算机视觉去感知。

决策，是依据感知到的情况进行决策判断，根据车辆与环境的状态，来制定适当的车辆控制策略，代替人类驾驶员做出驾驶决策。这好比是人类的大脑，看到红灯就准备刹车；观察到右侧有车，就不能变道；右转发现有行人过斑马线，就需要停车礼让等。

执行，是系统做出决策后，自动对车辆进行相应的操作。这就好比人类驾驶员进行的方向盘及油门、刹车的操作。系统将控制命令传递到底层模块，再执行对应的操作任务。

自动驾驶技术已经不是遥不可及的了，目前有部分汽车已经可以实现一定条件下的辅助驾驶，2024 年夏季的武汉街头甚至出现了无人驾驶出租车。但在复杂路况下，无人驾驶车的行驶体验暂时还比不上驾驶员亲自操作。或许在不久的未来，道路和环境将不再是限制，基于计算机视觉的自动驾驶系统将在所有情况下实现。到了这个阶段，未来的车可能都不会有方向盘、刹车、油门这些装置了。

## 智能驾驶的到来可能比我们预估得更快

我国国家标准《汽车驾驶自动化分级》（GB/T 40429—2021）将驾驶自动化划分为6个等级：L0级是应急辅助，L1级是部分驾驶辅助，L2级是组合驾驶辅助，L3级是有条件自动驾驶，L4级是高度自动驾驶，L5级是完全自动驾驶。目前，包括自适应巡航控制系统、车道保持辅助、后方及侧方盲点监控、辅助停车、变道辅助等L1/L2级自动驾驶功能已经非常成熟。根据工信部的数据，2022年，L2级乘用车新车渗透率达到了34.5%。而高于L2级水平之上的技术方案，目前也正逐步应用到越来越多的车型。

2020年，世界智能网联汽车大会发布了《智能网联汽车技术路线图2.0》，为业界提供指引与展望：在2025年左右，L3级自动驾驶乘用车技术的规模化应用，L4级自动驾驶乘用车技术开始进入市场；2030年左右，L4级自动驾驶乘用车技术的规模化应用，典型应用场景包括城郊道路、高速公路以及覆盖全国主要城市的城市道路；2035年以后，L5级自动驾驶乘用车开始应用。

## 医学医疗领域：辅助诊断与远程微创手术

医学是一门非常复杂的学科，医生需要花很多年时间学习各种各样的知识，来理解人体是如何工作的。而在医学世界里，有一位“神奇医生”叫作人工智能辅助诊断。它并不是我们通常想象中的穿着白大褂看X光片的那种医生。相反，它是一种有点像“电子大脑”的东西，可以看懂医学影像，辅助医生诊断疾病，甚至在手术时给予医生“智能”的建议。那么，为什么我们需要这位特殊的“医疗助手”呢?

计算机视觉的运用首先带来了影像诊断上的飞跃。在过去，医生们使用放大镜等工具仔细观察X光、CT和MRI等医学影像，这就像是你在看一张图片，努力找到图中的细节。但有时候，图案太复杂，医生可能会漏掉一些重要的细节。比如，检查出的医疗影像可能与健康人只有细微的不同，有时候这小小的细节可能会被忽略，导致误诊；有时候，就算医生看到了这个小差异，也不能百分百确定这个细微的不同究竟是病因所在，还是个体差异。遇到这种情况，病人往往需要再找多位权威医生进行专家会诊，不得不消耗大量的精力和金钱。

有了计算机视觉的帮助后，医学影像变得更加清晰。计算机视觉可以深入细节，找到医生可能会忽略的微小变化。这就像是给医生戴上了一副“显微眼镜”，使他们能够更及时、更准确地发现病人的问题。

那么，计算机是如何看懂X光、CT和MRI影像的呢？这其实和教小朋友识字母有点像，计算机学习医学影像也需要“训练”。科学家们把大量的影像数据交给计算机，就好比让它看了成千上万的字母，并让它学会了如何辨认不同的形状和颜色。当计算机学会看这些影像后，它就能像医生一样识别影像中的不同部分。比如，它能轻松找到你的骨头、器官和血管，就像找到字母一样简单。

此外，计算机视觉还让手术机器人成为可能。手术机器人是一种先进的医疗设备，尤其是在微创手术领域屡建奇功，是当之无愧的革命性外科手术工具。在超出人类能力的微创手术中，医生可以借助它实现对手术器械的精准操控。手术机器人通常由手术控制台、配备机械臂的手术车及视像系统组成。外科医生首先会想办法将一个极微小的腔镜放置到患者体内，然后医生就可以坐在手术控制台，观看从患者体内腔镜传输的三维影像，并操控机械臂的移动。同时医生也可以操控腔镜镜头的移动，从而更好地观察需要手术的区域。

计算机辅助诊断的另一大价值，在于它还能缩小因地区差异而导致的医疗水平差异，并且可以实现远程手术。通过把医生远程分配到不同的地区，缓解护士和医生短缺的问题，并有效地降低医疗成本。比如，在 2014—2016 年的西非埃博拉危机中，弗吉尼亚大学就曾通过远程医疗对该地区提供了医疗服务。而早在 2001 年，身在美国纽约的著名外科医学家雅克·马雷斯科利用“宙斯系统”，完成了对身在法国斯特拉斯堡的 68 岁女患者的胆囊摘除手术，实现了一场跨越大西洋的远程手术壮举。后来这场具有划时代意义的手术也被称为“林德伯格行动”，是“全球外科技术共享”理念的首次实践。

时至今日，远比胆囊摘除手术复杂、风险程度更高的手术，也都可以借助手术机器人来实施。比如在 2019 年，一位印度医生为 30 千米外的病人进行了心脏手术，其间进行了五次经皮冠状动脉的介入治疗，而且手术效果相当成功。中国人民解放军总医院也在2021年通过5G网络，完成了海南到北京横跨3000千米的帕金森病干预手术。要知道，这可是一场需要开颅的大手术！医生需要操控机械臂，精准地将“脑起搏器”安装到患者脑部的指定位置。这场手术总共历时三小时，取得了巨大成功，病人术后状态良好，四肢震颤和肌肉僵硬的症状都得到了明显缓解。

## 第二节 机器如何“认识”身边的事物

计算机视觉中有一个非常重要且基础的分支，也是计算机如何“认识”身边事物的重要方式。它就是图像识别算法——深度学习算法的重要代表，21 世纪 AI 研究中最早取得重大突破的领域之一。

每个人都能顺理成章地识别三角形和矩形，但大家有没有反思过这样一个问题：为什么我们能够如此轻易地辨别这个图形是三角形，还是矩形？相信大家对这个问题的第一反应一定也非常简单——要区分三角形和矩形，只要看角的数量不就可以了吗？

答案看似理所当然，可在这种直觉背后，实际上还隐藏着一个复杂的认知过程，只不过我们对这种方法的运用太过熟练，已经深化到了潜意识层面，所以不太能意识到了。从认知学的角度看，当我们在区分目标物体前，其实已经在潜意识中进行过归纳总结，并以此作为区分类别的关键判据——三角形都是三个角的，矩形都是四个角的。我们称这类判据为“特征”。最初的计算机图像识别方式，就是找到需要识别物体的特征，通过一系列算法得到正确的分类方式。

然而，三角形和矩形的例子是最简单的特征区分的情况，实际情况远比这个例子复杂。在对复杂图像的识别过程中，计算机需要面对的问题远比上述问题复杂得多。在深度学习爆发之前的很长一段时间里，科学家们都努力想要设计出一套更好的“特征”和“分类器”。而他们所面临的瓶颈在于，人工经验很难恰到好处地将感性认知，准确地转变成数字化特征进行描述。

如果有一种算法可以自行从图片中找到隐藏的特征，并且自行对这些特征进行分类，那是不是就能摆脱人工经验的局限性，真正找到可以帮助计算机区分物体本质的特征呢？正是按照这个思路，科学家们提出了深度学习算法，从此深度学习“一统江湖”。

那么，图像识别算法究竟是如何利用深度神经网络，做到像人一样快速、准确地区分不同物体的呢？

## 图像识别的基本原理

假设我们现在要让计算机学会识别动物，那么我们首先要做的，就是对它进行训练。我们要将成千上万张各种动物的图片打上标签，这些带标签的图片将成为算法的训练样本。而图像识别算法则会根据标签，对这些图片进行特征的提取。这个过程可能会重复好多轮，从简单的轮廓到更复杂一点的细节结构，再到高度复杂的抽象概念，算法将不断尝试，逐渐提高准确率，直到归纳出最适应的分类方式。然后，我们就可以利用这个已经归纳出动物识别方法的算法，去进行动物识别啦！这时，如果我们将一张未打标签的动物图片输入，它就会先通过简单的算法识别出图片中物体的边缘，对简单的形状进行特征提取；接着逐步组合，提取更多更复杂的特征；最后通过对这些特征进行分类，找到与图片中动物最相似的结果，如图 8 所示。

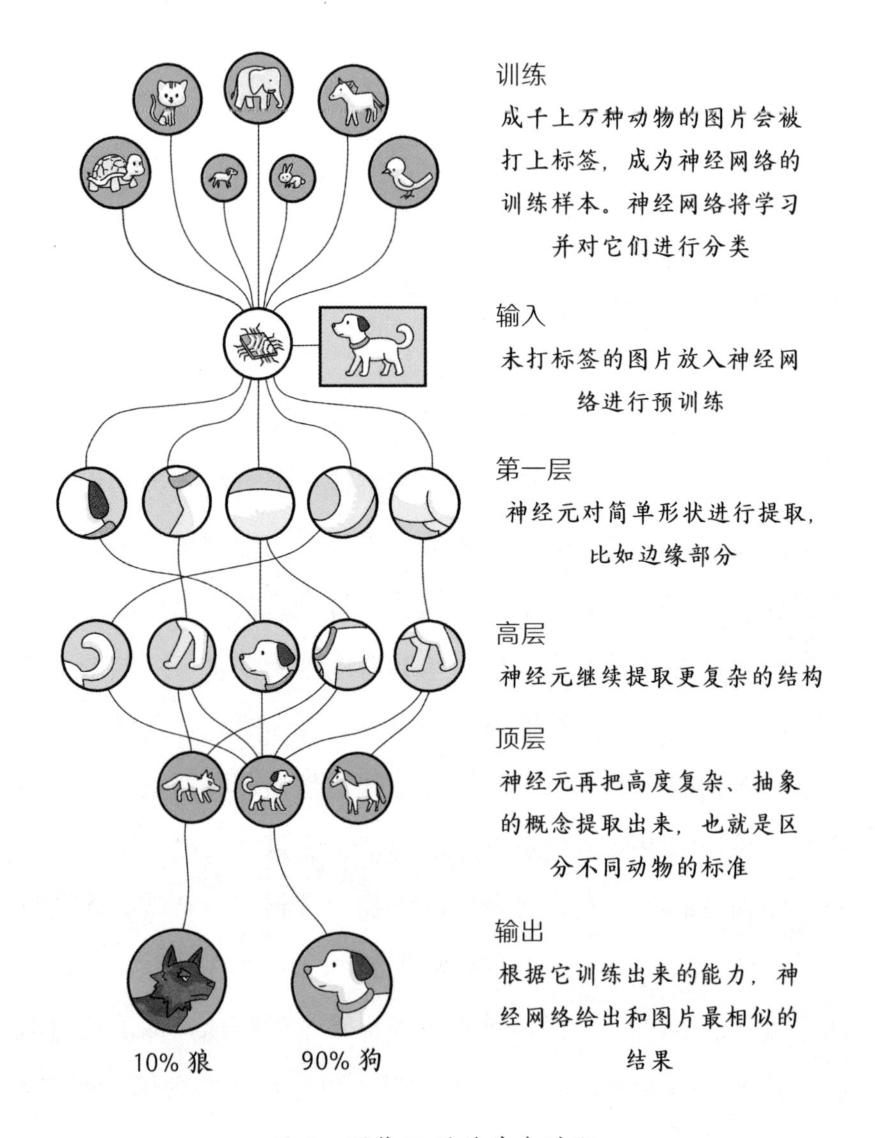


图 8　图像识别的基本过程

说到这里，或许有人想问，如果我给它一张穿着衣服、两脚直立的拟人化卡通狗的图片，它还能识别这是一只狗吗？这个问题的答案取决于我们最开始时所进行的训练。如果在我们提供给计算机的训练图库中，也包含有各种各样卡通化、拟人化的狗狗形象，那么依靠这个图库训练的图像识别算法，大概率可以识别图上的卡通形象是狗。但如果我们一开始就只提供了全部是真实动物照片的训练图库，那最终的识别结果可就不好说了。

换句话说，一个图像识别算法的精度除了神经网络模型设计本身之外，很大程度上也取决于最初我们提供给它的训练素材够不够海量、够不够全面。在图像识别算法研究的最初期，也就是 20 世纪 60 年代，当时甚至连互联网都还没有诞生（互联网诞生于 1969 年年底），给训练素材打标签的任务必须依靠人工完成。直到 2010 年左右，这项工作依旧对人工有很高的依赖性，但好在随着互联网的普及和发达，研究者们可以在网络上招募大量志愿者去完成这些枯燥且烦琐的任务，对训练素材库的扩充提供了很大帮助。而时至今日，几乎没有研究者会继续用人工来给图片打标签了，给素材打标签这种机械重复性的任务，已经可以反过来交给 AI 自己完成了。

## 机器的眼睛也会“老眼昏花”吗？

我们常说，人类容易被眼睛欺骗。我们的眼睛不仅会因为年龄、不良习惯等因素而视力退化，还经常会产生一些奇怪的视错觉。心理学甚至发展出了一个专门的分支，来研究这种现象。

那么，机器的眼睛是否也会“老眼昏花”，或者产生“视错觉”呢？答案是肯定的。而且，能让机器产生视错觉的图像，有时候用肉眼去看时，我们会觉得不可思议。

比如图 9 中这两张小狗的图像，在人类的肉眼看来，几乎没有任何差别。但当研究者们用同一种图像识别 AI 进行测试时，AI 却真的会将它们识别成两种不同的生物——前者是狗，而后者却莫名其妙地变成了鸵鸟。

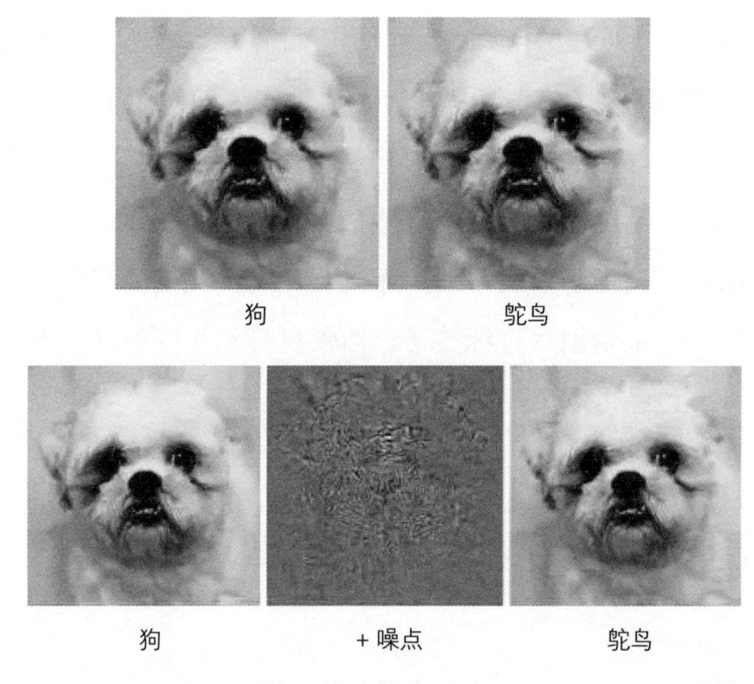


图 9　左边为自然图片，被识别为“小狗”。右边的图为刻意修改后的对抗样本，被识别为“鸵鸟”。（图片来源：Christian Szegedy/Google Inc 等）

而这背后的秘密，就在于“对抗样本”。相比于左边的原始小狗照片，右边的照片中被增加了一层对人类肉眼而言难以感知的噪点（noise）。正是因为这层对抗样本的存在，才成功迷惑了机器的眼睛，欺骗 AI 把小狗识别成了鸵鸟。

算法并不总是完美的，而“对抗样本”问题就是几乎所有图像识别算法都存在的一个弱点——在一张自然图片中，通过往图像上添加不可见的微小扰动，从而使 AI 做出错误的判断。即使这种修改可以微小到不足以被人眼察觉，由此导致的缺陷也可能成为致命的安全漏洞，比如让自动驾驶的汽车偏离车道，或者非法进入那些需要人脸识别的保密场所。

这些人眼无法观察的微小扰动，之所以能让图像识别的算法失效，是因为常用的图像识别模型，其实是通过关注图像中的像素细节来实现识别的。这种方式与人类的观察方式非常不同，人眼是无法进行像素级别的观察和判断的。如果要判断狗或猫，人类会对比动物的头部五官、身形体态、毛色等信息，但图像识别算法却是在像素的层面进行区分。

对抗样本问题的痛点存在于三个方面。首先是图像中蕴含信息的复杂性，任何一张看似普通的照片，实际上是上百万个像素点组成，且每个像素点的颜色可能都不相同。其次，我们并没有彻底地理解图像识别算法实现图像识别的机制，绝大部分图像识别算法通过大量图片的识别来进行学习，但是在学习的过程中，哪些参数发生了变化，为什么这种变化能够提高识别的精准度或效率，我们对此并不完全理解。最后，我们并不知道识别模型失效的原因是什么，是算法训练方式的问题还是训练数据量不够大？因为对抗样本攻击的样本，也是由另一种人工智能算法 GAN 算法（Generative Adversarial Nets，生成式对抗网络）寻找并加工出来的。

知识拓展

## 人脸识别技术可靠吗？

既然计算机视觉能通过图像识别分辨各种事物，自然也就能够基于图像识别技术，识别不一样的人。目前，人脸识别已经是日常生活中最常用的技术手段之一了，诸如刷脸支付、刷脸出入境、刷脸办理业务等，都在日常生活中被广泛应用。我们的脸仿佛变成了随身携带的身份证一般。

有些人可能就会开始担心——自己的脸会不会被盗用呢？

既然我的脸便是我的身份证，那如果有人拿着我的照片，放在人脸识别的机器上一扫，岂不是就能盗用我的身份了吗？其实，科学家们早已想到了盗用这个问题。有时候，在我们使用人脸识别确认身份的时候，会被要求摇摇头、张张嘴，按照指示做一些简单的动作。这是因为程序需要通过指令来判断摄像头前的对象，究竟是一段预录制的录像，还是一个真实的人。有时候，手机屏幕在人脸识别的过程中，也可能会发出红、黄、蓝色的光，这是因为程序正在对比我们脸上的反光，确保摄像头前的用户是真人。对一个合格的人脸识别算法而言，真人皮肤对各种颜色的反射模型，与屏幕、纸张、面具等仿冒物被照到时的反射模型，具有可以被准确识别的差异性。

第四章
语言小天才：
自然语言处理与语音识别

## 第一节 打开语音识别的“魔法之门”

人工智能的非凡能力不仅限于图像领域，在人类的语言方面，它同样天赋异禀！请回想一下你看过的科幻片，是不是在几乎所有有关星际旅行的科幻电影中，飞船上都会有一个类似控制助理的人工智能角色呢？有时候他们会以全息影像的方式出现，有时候他们可能只是一道人工合成的声音。但无论如何，他们都有一个共同的特点，就是可以根据船长或船员口述的语音指令，给予智能化的反馈。而这些科幻想象，如今正变得越来越接近现实，可以预见，人工智能在语言方面的发展，即将渗入我们的日常生活中。

在现实中，为了研究如何让人工智能与人类进行对话，科学家们大致将实现人机对话分为三个核心技术点，分别是 ASR（语音识别）、NLP（自然语言处理）和 TTS（语音合成）。

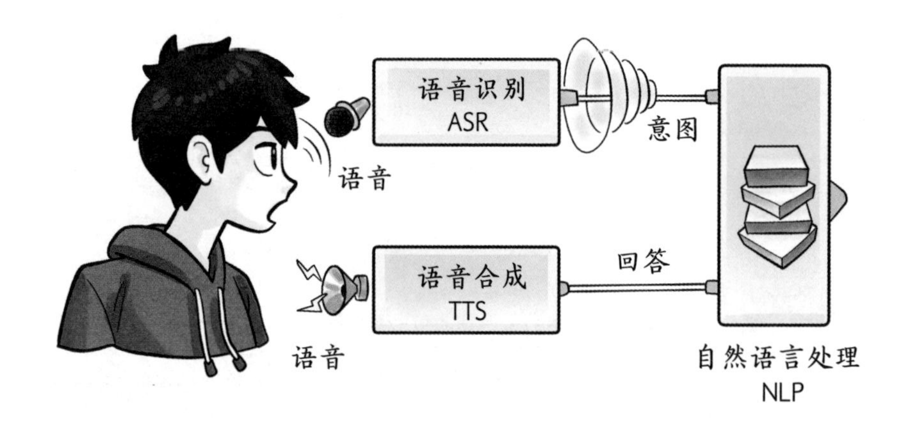


## 什么是语音识别?

顾名思义，语音识别的定义其实很好理解，就是让计算机去理解和解释人类语音。目前，这项技术一般会使用机器学习和信号处理的方法，先将口头语言转换为文本或命令，再让计算机按照书面的意思去进行理解。

从广义来看，语音识别技术拥有漫长的历史，最早可以追溯到 18 世纪后半叶。当时的科学家们并不关注如何识别和理解语言，而是专注于创建能模仿人类语言沟通能力的机器。1773 年，俄罗斯科学家克里斯蒂安·克拉岑施泰因（Christian Kratzenstein）利用共振管成功产生了元音。随后，沃尔夫冈·冯·肯佩伦（Wolfgang von Kempelen）在维也纳构造了一台“声学–机械语言机器”，而查尔斯·惠斯通（Charles Wheatstone）则在19世纪中叶使用皮革共振器构建了肯佩伦语言机器的改良版，通过手动调整来产生不同的类似人类语言的声音。

而现代意义上的语音识别技术则出现于20世纪。1952年，美国贝尔实验室的研究人员研制了世界上第一个能识别10个英文数字发音的实验系统，从此正式开启了现代语音识别技术的研究。但在其后的半个多世纪内，这项技术一直没有在实际应用过程中得到普遍认可，甚至一度陷入技术停滞的困境。究其原因，主要是这项技术最大的应用场景——语音输入——与鼠标、键盘组成的成熟输入方式重合性太高。在2009年深度学习兴起以前，语音输入的效率仍与键盘输入的效率相去甚远。

信息的传递方式有很多，包括却不限于文字、语言、手势（比如聋哑人使用的手语），甚至特定频率的光（如古代航海时使用的航海灯语）。但对于人类而言，最简单高效的信息传递方式，无疑还是语言（声音）。我们上课是由老师讲课，而不是看书本；见面时会优先选择用语言（声音）进行对话，而不是书写或者手语。对人类来说，语言（声音）无疑是一种更高效的信息传递方式。

然而，计算机却更擅长处理文字（书面）信息。这样一来，当人类想要与计算机交换信息时，两者之间就产生了一个

“转换”问题。过去，由于各种技术限制，还是人类更迁就计算机一些，也就是说，主要由人类负责进行“语言转文字”的工作，再来与计算机进行交流。

比如，当你想查找一份菜谱时，你通常会打开搜索网站，把你需要的菜谱名称输入搜索栏，然后等待计算机给你反馈搜索结果。一般而言，这种简单的搜索操作不会遇到什么问题，但也不排除会出现一些特殊情况——万一你想找的菜谱是你在国外旅游时，偶然尝到的一道当地特色美食，热情的摊主告诉了你这道美食的名称，你也认真地记住了摊主教给你的发音。可是，等你回到家再想搜索它时，由于你只记住了发音，不知道该如何拼写它，你反复尝试的各种“音译”菜名都无法搜索到你真正想要找的那道菜，你最终不得不抱憾放弃。在日常生活中，这种情况并不鲜见。而成熟的语音识别技术，就可以弥补以上问题。

近年来，随着深度学习技术的飞速发展，语音识别技术也获得了长足发展。目前，各大搜索引擎的语音搜索功能已经十分强大，语音翻译技术也实现了里程碑式的突破。其中，我国的科大讯飞就是语音识别“黑科技”的代表者。在 2022 年北京冬季奥林匹克运动会和冬季残疾人奥林匹克运动会上，科大讯飞智能翻译技术支持 70 多种语言、28 种方言、7 种少数民族语言与汉语普通话的互转互译，准确率已达到 95%，让不同语种之间的沟通不仅能“听得懂”，还能“翻得快”。此外，科大讯

飞研究院与中国科学技术大学语音及语言信息处理国家工程研究中心、认知智能全国重点实验室联合团队，还在 2021 年到 2023 年度的“国际口语机器翻译会议”上蝉联了三届冠军。

当然，语音识别除了语音输入、语音翻译的应用外，还有一些其他方面的用处。

比如，语音识别就可以衍生为声纹识别。它属于生物识别技术的一种，可以通过声音来判断说话者的身份，让我们每个人独有的嗓音也能作为身份认证的一种方式。实际上，声纹识别和人脸识别的应用有些相似，都是根据特征来判断说话人身份的，只是一个通过声音，一个通过人脸。

此外，语音识别也可以为情绪识别提供支持。目前，情绪识别的方式有很多，包括检测生理信号（呼吸、心率、肾上腺素等）、检测人脸肌肉变化、检测瞳孔扩张程度等。在这些手段中，通过语音来识别情绪，也是一个重要维度。因为人在心情不同的情况下，语气、语调和音量等都会发生显著变化，是判断情绪非常有效的依据。

## 什么是自然语言处理？

自然语言处理，主要研究的是如何让计算机理解、处理、生成和模拟人类语言，从而实现计算机与人类进行自然对话的能力。如果说语音识别像是人工智能在语言方面的“耳朵”的话，那自然语言处理就是“大脑”，也是语音识别中最为困难的问题之一。

让我们来想象一下，当计算机真正实现了能够确切理解人类的语言，并自然地与人进行交互，我们的生活会发生什么样的变化？如果想得保守一点，那么未来的场景可能是以下这样的：

周末的一个早晨，你从睡梦中醒来，洗漱完后到了早饭的时间，可以语言询问 AI 智能管家早餐应该吃什么。智能管家立即根据每日营养标准和家里还剩的食材给你搭配好推荐菜谱。

下午，到了阅读的时间，你最近在看一本专业度相对较高的书籍，里面总有一些概念或者词语难以理解，这时也可以咨询 AI 智能管家。它会从网上将一些别人的理解，或者其他角度的理解进行概括，给你提供新的点子。整个下午就在这不怎么安静的阅读中过去了。

到了晚上，你忽然想起明天已经约了朋友去隔壁城市游玩，但什么都还没有准备。于是，你火急火燎地传话让 AI 智能管家帮忙做个出游安排。AI 智能管家会根据各个旅游平台中游客的评价与景点描述，规划出明天一整天的行程，包括景点、餐馆、住宿等，还顺便帮忙预约了需要预约的项目。

我们目前与机器的所有交互方式都将发生改变，点击、手势、滑动之类常用的方式，都将演变为语音交流，甚至编写程序也将变成直接对自然语言处理机器人进行语言表述，届时可能人们最看重的技能就是表达能力了。

关于语音识别技术对未来生活的影响，世界科幻小说“三巨头”之一的艾萨克·阿西莫夫的假想则更加大胆。在他的短篇小说《总有一天》中，人类文明已经进化到了舍弃文字的阶段，孩子们如果想领略各种故事，只需通过一台名为“说书人”的具有自然对话能力的小机器，而不是像我们一样可以选择自己读书、看漫画或者绘本。未来的“单词本”也不是我们现在所熟知的样子，而是变成了一个内含语音信息的存储器，只要放到“说书人”肚子里进行读取，“说书人”就能用新单词编出新故事来。《总有一天》的两位小主人公尼克和保罗，从老师口中意外得知了关于纸质书的存在。他们由此对在语音技术泛滥后，已经失传的文字产生了浓厚的兴趣，并展开了无限的想象——

“道格迪老师说，从前那些日子，每个人小时候都得学习如何绘制线条，以及如何破解它们。绘制线条称为‘写’，破解它们称为‘读’。他说每个字都有不同的线条，以前的人就用线条写出整本书。他说博物

> 馆里还有些这样的书，我有兴趣的话可以去看看。他还说如果我要成为一名真正的电脑程序设计师，我就必须知道有关计算机学的历史，那正是他给我看那些东西的原因……
>
> “你可以学习怎样绘制文字。我曾问道格迪老师怎样绘制‘保罗·楼柏’的线条，可是他不知道。他说博物馆里有人知道，有些人学会了破解整本书。他还说电脑能破解那些书，而且以前的电脑真有那种用途。但是现在不必了，因为现在我们有了真正的书，里面的磁带通过发声器就会说话，你知道的。”

自然语言技术真的会把人类引导到无须文字的道路上去吗？阿西莫夫的小说设定展示了一种激进的未来图景。此外，还有不少科幻作品假想有朝一日，人们会通过纯粹的思维来交流，再也无须言语或文字，同样未免过于极端。但毫无疑问的是，技术的发展肯定会给我们的生活带来巨大的变化，自然语言处理技术的革新也一定会改变现有的人机交互模式。届时，人类对于历史的理解会不会因为机器的干涉而产生偏差？人类又会不会因为过度依赖机器，反而丧失一些原本属于我们的自然能力？如此种种可能，值得我们深思。

## 什么是语音合成?

有了语音识别作为“耳朵”，有了自然语言处理作为“大脑”，要达到交流的目的，就还剩下语音合成这张“嘴巴”了。从文本到语音，语音合成的目的是将计算机产生的或外部输入的文字信息，转变为听得懂的、流利的口语后输出。一言以蔽之，就是让机器开口说话的技术。

假如让你来实现这项技术的汉语功能，你会怎么做呢?

可能有人会想，汉语的字尽管很多（《新华字典》收录 8000 多个，算上所有生僻字可能超过 10 万个），但往往多个汉字都对应着同一个发音，实际上会用到的发音并不多。据统计，现代汉语普通话大约只有 400 种音节形式，算上四种声调后大约是 1300 多个音节总数。这等数量在现代计算机的处理性能面前，压根儿不值一提。那是不是只要将 1300 多个音节都录一下，然后根据文本自由组合，就能实现汉语的语音合成了呢?

事实上，早就有人进行过这样的尝试，只是最终的尝试效果都非常不理想。通过这种方式实现的语音合成，就像早期科幻电影中生硬、卡顿的声音一般，虽然能听出大意，但也能明显察觉出它不是出自人口，完全不符合我们日常对话时的语音语调。究其原因，是由于在实际的语言交流过程中，我们不仅在单纯地发音，还会下意识地针对不同的场景和语境，去使用不同音高、音量、语速、节奏等。而这些才是让合成的语音更加流畅自然的秘诀。

因此，要实现更加自然、流畅的汉语语音合成，它所面临的技术挑战远比1300多种音节来得复杂。科学家们一直致力于发展更先进的语音合成算法，以便更好地模拟人类的自然语音模式。其背后就包括对语音数据的深入学习，以捕捉各种情感、声调和语气的变化。

好在近十年来，随着深度学习和神经网络技术的进步，一些语音合成系统已经取得了显著的进展。它们能够更好地理解上下文，根据不同语境调整音调和语速，令合成的语音更具人类的自然感和情感力。这种技术的发展可以让语音助手看上去更加智能亲和。如果样本足够多、参数足够准确，甚至还能让语音合成直接模仿某个现实中真实存在的人的声音，乃至令过世歌手的声音“复活”，协助曾经的伙伴去完成未竟的创作——英国传奇乐队披头士在2023年11月2日发行的*Now And Then*单曲，就是通过语音合成技术，基于已故乐队成员约翰·列侬留下的未完成创作小样，由计算机进行修复，由其他在世乐队成员填词并伴奏，再由 AI 模拟出列侬的声音，最终穿越半个世纪、跨过生与死，而重新创作出来的乐队终章。这首轰动世界的歌也可以称得上是用人工智能技术来弥补遗憾、温暖世人的代表性案例。

知识拓展

## 由语音合成功能诞生的虚拟偶像

最著名的语音合成软件莫过于日本乐器制造商雅马哈公司开发的电子音乐制作语音合成软件——VOCALOID，用户可以在软件中输入音调和歌词，相对简单地合成出人类声音的歌声。在2007年初音未来公司以雅马哈的VOCALOID系列语音合成程序为基础开发贩售了一款虚拟女性歌手软件——“初音未来”，刚发售即大受欢迎，也是目前影响力最大的虚拟歌姬，甚至通过全息投影技术在日本、新加坡、美国、马来西亚等地举办了数场演唱会。

虽然初音未来并非第一个可以模仿人类歌唱的软件，但在当时拟真度比以往同类软件高，因而掀起了热潮并带来业余音乐制作的革命。而且，对于音乐制作人而言，在创作的过程中，初音未来可以成为每一个音乐制作人的专属歌手，轻松解决“邀请歌手演唱录音”这一原本昂贵又困难的环节。甚至因为歌手不是人类，可以轻易唱出人类不可能或极难唱出的歌曲，比如《初音未来的消失》，曲中部分段落一秒中有高达十二个音节，几乎没有换气的地方。这也给音乐制作人带来开拓新音乐类型的可能性。

## 第二节 AI如何掌握人类语言的艺术

在前面我们曾提到过，如果人工智能想要实现与人对话的功能，必然绕不开三个关键步骤——听（语音识别）、想（自然语言处理）、说（语音合成）。但实际上，其中最重要，也是最难的一个步骤就是自然语言处理。科学家们尝试了无数种方法，试图让机器“理解”语言中的含义，可效果都不尽如人意，直到近期ChatGPT的破圈和爆火，才让我们真正看到了借助人工智能技术来“理解”人类语言的曙光。

ChatGPT能够根据用户的文本输入，产生相应的回答，既可以是简短的几句话，也可以是长篇大论。ChatGPT也能像人类那样即时对话，流畅地回答各种问题。无论是英文还是其他语言，无论是回答历史问题还是写故事，甚至是代码生成与纠错，它几乎无所不能。

它特别擅长写论文，据报道，曾有实验者把ChatGPT完成的作业混入大学生作业中提交，结果 ChatGPT 获得了全班最高分。此外，ChatGPT 还掌握编程技能，可以顺利通过谷歌 L3 工程师入职测试。这样的成就不禁让我们开始思考："AI 究竟能做到什么程度？""AI 会让人类失去工作吗？""AI 会替代哪些行业？"此类问题成了社会热议的焦点，不免令人感到焦虑不安。然而，与其惶恐不安地试图证明自己不会被 AI 替代，不如让我们深入了解一下 ChatGPT。只有真正弄懂了它的特性、应用场景与局限性，才能以更理性的态度去迎接人工智能的浪潮，从容面对变革带来的挑战，并更好地应对未来科技所带来的变化。

## ChatGPT 的本质

ChatGPT 是一个由 OpenAI 公司开发的对话模型，可以以一种自然的方式与人类交流。根据官方的描述，它的特点有：

- 能够快速地对大量文本进行处理，可以实现自动化的文本处理和分析；
- 能够识别文本中的语义和上下文，并给出准确的回答；
- 支持多种语言的处理，可以帮助人们更好地处理不同语言的文本信息；
- 可以生成流畅、自然、有逻辑的对话，和用户进行高质量的交流；
- 可以根据用户的需求和特征，生成个性化的对话，提高用户的体验和忠诚度；
- 可以处理多种类型的对话，如信息检索、知识教育、娱乐互动等，适用于多种场景和领域；
- 还有编写和调试计算机程序的能力，创作音乐、电视剧、童话故事和学生论文等。

究其本质，这就是一种自然语言处理技术。而真正让ChatGPT显得与众不同的，是它的大语言模型。

## 什么是大语言模型？

语言模型的目标是理解和生成人类语言，是一种用于处理自然语言文本的模型，其中既包括传统的统计语言模型、基于规则的模型，也包括目前最有话题度的基于深度学习的模型。

语言模型的本质，其实就是计算概率。对于任意的词序列，去计算出这个序列的下一个字/词/句的概率。为了更生动地理解它，就让我们先来做一道完形填空吧：这里有一（ ）菜谱。你会在这个括号里填什么呢？计算机又会如何“思考”这道填空题呢？

不同的语言模型虽然可能会给出相同的答案，但它们的解题思路却不尽相同。目前，这些语言模型中的“课代表”当属拥有神经网络架构的大语言模型。通过大语言模型的学习，计算机能推断出这道填空题中可以填的词语的概率，概率最大的是“份”，其次是“本”“部”“册”“套”之类的词，最后它会根据算法选择一个概率最大的词填入其中。

语言模型的发展先后经历了文法型语言模型、统计型语言模型、神经网络语言模型等阶段。

基于规则的语言模型又称文法型语言模型。规则即由人工编制的语言学的文法规则，来源于语言学家掌握的语言学知识。但由于自然语言的特殊性，文法规则中存在很多特殊的情况。比如英语中的时态规则，仅过去式中就存在大量的不规则动词，对 work-worked、play-played 适用的一般过去式规则，碰到 do-did，go-went 等不规则动词后就失效了，并且不规则的方式也千变万化。这些“不规则”在计算机看来是不可接受的，这就意味着，依照文法型语言模型的思路，必须先由人工来为这些“不规则”制定程序规则。由于每种自然语言都有数不清的特殊情况，导致这类语言模型工作量过大，且效果不佳，很快研究方向就转到了统计型语言模型上。

统计型语言模型中最具代表性的是 N-gram 语言模型，在这个模型中，首次提出了词的概率受前面 N 个词的影响，称为历史影响。而估算这种概率最简单的方法是根据语料库，计算词序列在语料库中出现的频次。但其本身也存在一定的局限性，前面 N 个词的 N 取值越大，模型在理论上越准确，但也越复杂，需要的计算量和训练语料数据量也就越大，实际应用中 N 大于等于 4 的情况几乎没有。这种方法虽然简单粗暴，且存在局限性，但是在语言模型的设计中起到了重要作用。

值得庆幸的是，随着神经网络的发展，计算机科学家们已经找到了一种方式，可以解决 N-gram 语言模型中存在的 N 取值上升带来的维度灾难，解决问题的关键在于需要进一步模仿人类的认知。大家可以思考一下，为什么我们在读一段话、一本书的时候，能够快速理解语句中的“他”“她”“它”，到底指代的是上文中的哪些名词，即便语句很长，我们的大脑也不会像 N-gram 语言模型那样产生维度爆炸？答案其实很简单，我们对段落中的每句话、每个词的关注度并不一样。比如，在看一本菜谱的时候，我们首先会对其中所使用到的主要食材更加关注，记得也更牢一些。其次是辅助食材、调味料等。最后才是食材的具体用量以及做法细节。这表明我们的注意力总会集中在最主要的地方。于是，基于这种核心理念，Google 在其 2017 年 12 月 6 日发布的论文《注意力机制就是你所需要的》（*Attention is all you need*）中，提出了注意力机制和基于此机制的 Transformer 架构。它使语言模型在处理上下文关联的数据时，能够通过注意力机制赋予词汇不同的重要性权重，并着重于重要性更加高的词汇上，以此来避免维度灾难。

因此，“大语言模型”通常指的就是这类参数规模巨大的现代语言模型。它们通常拥有数十亿到数万亿个参数，通过对大量文本数据进行预训练，可以在多种自然语言处理任务中表现出色。这些大型语言模型因其在各种自然语言处理任务中的卓越性能而备受关注，但也引起了一些关于隐私、伦理和计算资源使用等方面的讨论。

## “大”的魔力

即使有了神经网络语言模型的技术支持，ChatGPT 的出现也不是一蹴而就的。事实上，GPT-1 版本和 GPT-2 版本与其他的神经网络语言模型并无太大的差距，真正破圈并引起轰动、彰显出鹤立鸡群之态的，是由 GPT-3 强化得来的 ChatGPT 3.5 这个版本。

在人工智能领域，当我们提到“数字 +B”组合的术语时，通常指的是模型的参数量，其中“B”代表“Billion”，也就是“十亿”。比如 16B 代表模型有 160 亿个参数量。人工智能模型的参数越多，模型处理复杂任务的能力也就越强，但这并不意味着模型的效果越好。因为，模型效果还涉及其他因素的影响，比如模型的算法、微调等。

在 2018 年 6 月，OpenAI 公司发布了第一版 GPT-1，使用的是 transformer 的架构，但整体上似乎没有什么特别出彩的地方。到 2019 年 2 月，该公司又发布了第二版 GPT-2，它与上一版本的最大区别在于使用了 10 倍大小的网络规模和 8 倍大小的预训练数据。

在 GPT-2 发布一年半以后，GPT-3 问世了。通过更优的架构、更大的规模（100 倍），以及更大的数据量（1000 倍），研究者们真正训练出了一个超级“巨无霸”，并奠定了现在 GPT 帝国的基础。但是在本质上，这一新版本依旧和 GPT-2 没有太多区别，它们的训练方式是相同的，只不过是训练规模更大了而已。

那么 GPT-3 究竟有多大呢？GPT-3 的模型参数有 1750 亿，大概会占据 350~500GB 的显存需求。这意味着，如果要从头开始训练与之同规模的大语言模型，至少需要 1000 块英伟达 A100 级的高性能运显卡，在几个月内连续不断地工作，才能够训练出该模型。

相较于 GPT-1 的参数量，GPT-3 足足大了约 1.5 万倍。如果将 GPT-1 比作一只中华田园犬（约 12 千克的中型犬），那么 GPT-3 的规模就相当于地球上最大的哺乳动物——蓝鲸（约 180 吨）。超大的规模与数据量带来的能力提升是显而易见的，在有 3000 亿单词的语料上预训练拥有 1750 亿参数的模型，给予了 GPT-3 一定程度的常识性与事实性知识。这让 GPT -3 不再只会“傻傻地”回答问题，而是开始学会去辨别有些用户的提问在一定程度上是无法实现或者不成立的。

## 在 GPT-3 上诞生的 ChatGPT

看到这里，你是不是已经有点被这些英文名字绕晕了？一会儿 GPT，一会儿 ChatGPT，它俩竟然不是一回事？

要想了解 ChatGPT，首先要弄清楚什么是 GPT。其实，GPT 才真正是我们先前提到过的“大语言模型”，是一种生成预训练转换器（GPT 全称即 Generative Pre-trained Transformer）。而 ChatGPT 则是在此基础上进一步训练出的“对话特化型大语言模型”，它是一种更小、更专业的语言模型，专为聊天应用程序设计。

刚刚我们提到，超大的规模与数据量令 GPT-3 的能力有了显著提升。然而，研究者却很快发现了新问题——GPT-3 的输出结果经常不符合人类预期。说白了就是，当人类与 GPT-3 沟通时，它的使用感并没有得到与其处理能力相匹配的提升，因此回答问题时依旧像个“人工智障”。这里面具体的问题包括：提供无效回答（没有遵循用户的明确指示，答非所问）；内容胡编乱造（有时候会根据文字的概率分布，虚构出不合理的内容）；缺乏可解释性（提问者很难理解模型是如何做出特定决策的，并会因此质疑答案的准确性）；内容偏差（模型从数据中获取偏差，导致预测不公平或不准确）；连续交互能力弱（长文本生成能力差，上下文无法实现连贯性）。

为了解决上述问题，基于 GPT-3.5-turbo 架构而开发的对话特化型 AI 助手诞生了，它就是 ChatGPT。为了研发它，OpenAI 公司投入了大量的精力，不断通过代码训练和指令微调来强化 GPT-3。开发团队在训练过程中加入了更多的人工监督，并进行了人工微调。他们采取了多种手段，甚至不惜牺牲 GPT-3 的一部分性能，从而换取更加符合人类期待的对话反馈，如零样本问答、生成安全和公正的对话回复、拒绝回答超出模型知识范围的问题。实际上，这就是强行将 AI 的输出结果往人类想要的方向去扳正，而如今这类人工调整手段也有了专门的术语——“对齐”。

相较于 GPT-3，ChatGPT 具有以下特征：

- 可以主动承认自身错误，若用户指出其错误，模型会听取意见并优化答案；

- 可以质疑不正确的问题，如被询问“哥伦布在 2015 年来到美国时，见到了什么情景？”时，ChatGPT 会向提问者说明哥伦布不属于这一时代，不可能在 2015 年去往美国，并调整输出结果；

- 可以承认自身的无知，承认对专业技术的不了解；

- 可以支持连续多轮对话。

与大家在生活中用到的各类智能音箱和“人工智障”不同，ChatGPT 在对话过程中会记忆先前使用者的对话信息，即上下文理解，从而回答某些假设性的问题。ChatGPT 可实现连续对话，这一功能极大地提升了对话交互模式下的用户体验。

## 下一代 GPT 的发展方向

目前，几乎所有大语言模型，包括 GPT-3.5 都是根据输入语句中的语言 / 语料概率，来自动生成回答的每一个字（词）。从数学或从机器学习的角度来看，语言模型其实就是对词语序列的概率相关性分布的建模，即利用已经说过的语句（语句可以视为数学中的向量）作为输入条件，预测下一个时刻不同语句甚至语言集合出现的概率分布。换句话说，“苹果”这个词在语言模型眼中，只是单纯的语义符号和概率。

但这种逻辑模式是非常“反人类”的。因为依照人类习惯的认知方式，我们通常会从多种模式中学习，即我们在学习和表达一个事物时，不单单只会用文字的形式，也经常会采用文字以外的各种其他形式。这就好比要让婴幼儿理解苹果这一概念，我们教他们的绝不是单纯的“苹果”这个词，肯定还会包括由苹果这个物体引发的视觉、味觉、听觉等各方面的信息。例如，苹果的颜色、形状、纹理，以及咬苹果的声音、苹果的甜美味道和汁水四溢的口感，等等。

在常用的多模式学习方式中，除了文字就数图画最为常见。事实上，那些帮助婴幼儿学习的卡片就大多使用“图片+文字”的形式，而婴幼儿在牙牙学语的时候，也是先看到苹果的卡片图像，然后再记住对应的语言（符号）。从 GPT-4 开始，大语言模型也拥有了与人类认知能力更接近的“多模态输入能力”。这意味着，对这些机器而言，“苹果”等单纯的符号语义，有了扩展出更多内涵的可能性。多模态感知使得语言模型能够获得文本描述之外的常识性知识，于是 GPT-4 等多模态大语言模型，对于“苹果”的理解将不仅停留在字面上，还可以从图片中识别并找出“苹果”，或者形似“苹果”的物体，甚至是各国语言中发音近似“苹果”的词。

总之，多模态能力给未来提供了更多的遐想空间，让 AI

可以同时理解和处理不同形式的信息，如文字、图像、语音，等等。目前，GPT-4 甚至已经能根据你的简略描述，开发出一个为你“量身定制”的、功能完善的 App。这样的变化将不仅仅局限于技术的提升，还会更深刻地改变我们日常生活中的信息互动和艺术创造方式。

第五章
人类新伙伴：
机器人与智能系统

# 第一节 智能机器人为你打造更舒适的环境

“机器人”是 20 世纪才出现的新名词，它原本是一个诞生于虚构的科幻小说中的概念。1920 年，捷克作家卡雷尔·凯佩克（Karel Capek）发表了科幻剧本《罗萨姆的万能机器人》。在这部剧本中，凯佩克把捷克语“Robota”（强制劳动的奴隶机器）变化成“Robot”（机器人）。凯佩克设想的机器人具有智能和情感，并提出了科学技术的进步很可能引发人类不希望出现的问题，如机器人反叛人类。

为了防止机器人伤害人类，1950 年，科幻作家阿西莫夫在《我是机器人》一书中提出了“机器人三原则”：

第一，机器人必须不危害人类，也不允许眼看着人类将受到伤害而袖手旁观；

第二，机器人必须绝对服从人类，除非这种服从有害于人类；

第三，机器人必须保护自身不受伤害，除非为了保护人类或是人类命令它做出牺牲。

这三条原则赋予机器人社会新的伦理性，至今仍为机器人研究人员、设计制造厂家和用户提供十分有意义的方向。

## 现实中的“机器人三要素”

当然，现实中对于机器人的理解肯定和科幻小说中有所不同，比如国际标准化组织（ISO）对机器人的定义是：在两个或更多轴上可编程的、具有一定自主性的机械装置，能在其环境中移动，执行预定任务。若从广义上理解所谓的“智能机器人”，对于大部分人而言，它应是一个可以运动的机器，具有一定的智能，能够根据周围情况进行一定程度的自主判断，最重要的是拟人，能够像人类一样（或者至少按照人类的期待）去完成赋予的任务。

为了达到这个目的，智能机器人具备形形色色的内部信息传感器和外部信息传感器，如视觉、听觉、触觉、嗅觉感受器。除了感受器，它还有效应器。如果说带有人工智能算法的芯片是机器人的大脑，那么感受器便是它的眼耳口鼻，效应器则相当于它的筋肉，也就是机器人反馈周围环境的手段。自整角机是最常用的效应器，有了它，机器人的手、脚、鼻子、触角等才能彼此协调地运动起来。由此亦可知，智能机器人至少要具备三个要素：感觉要素、运动要素和思考要素。

感觉要素涉及智能机器人对外界环境的感知和认知，使其具备与外部环境交流的能力。智能机器人通过内部信息传感器和外部信息传感器，如摄像机、图像传感器、超声波传感器和激光器等，来实现对视觉、听觉、嗅觉、触觉等感官功能的模拟。这就像是有了眼睛、耳朵和皮肤一样，能够看到、听到、感觉周围的环境。有了这个本领，机器人就可以了解周围的一切，就能像你一样看到窗外漂亮的风景，感受到从窗口吹进来的微风，甚至嗅到风中的花香。

运动要素使智能机器人能够做出对外界的反应性动作，主要是模拟人类的运动能力，实现物理上的行为。说白了，这就是要让机器人能够动起来，让它可以用机械手臂、轮子、履带等东西来实现各种动作，就好比你在玩具车上按下按钮，它就能动起来一样。毕竟，谁会想要一个一动不动的机器人呢？

思考要素是智能机器人决策能力的核心，它会根据感觉要素获取的信息来判断下一步的行为。在智能机器人的三个要素中，思考要素被视为至关重要的一环，因为它模拟了人类的决策过程，是赋予机器人“智能”的关键。思考要素包括对信息的判断、逻辑分析、理解能力，甚至还包括对未来的预测等方面的技能。这就好比你在玩游戏时，会根据看到的情况来做出最好的选择一样。

## 智能机器人的分类

由于智能机器人在各行各业都有不同的应用，很难对它们进行统一的分类。因此，一般的做法是从机器人的智能程度、形态、使用途径等不同的角度对智能机器人进行分类。

### 1. 按智能程度分类

智能机器人根据其智能程度的不同，可分为传感型、交互型、自主型三类。

传感型智能机器人，又称外部受控机器人。它们有点神奇，因为它们身上并没有超级聪明的“大脑”，也就是我们常说的智能单元。传感型智能机器人的本体上只搭载感应元件和执行元件，具有利用传感信息（包括视觉、听觉、触觉、力觉和红外、超声及激光等）实现控制与操作的能力。但它们本身不具备智能单元，并不意味着它们无法思考。实际上，传感型智能机器人更像是玄幻故事里的“分身”或“人偶”，是由外部的其他计算机来操控的。外部的这台电脑才是传感型智能机

器人背后的隐藏大佬，会负责处理采集到的各种信息，还能发号施令，指挥机器人动起来。目前，机器人世界杯的小型组比赛中所使用的机器人赛手，就属于这一类型。

交互型智能机器人通过计算机系统与操作员或程序员进行人机对话，实现对机器人的控制与操作。虽然具有了部分处理和决策功能，能够独立地实现一些功能，诸如轨迹规划、简单的避障等，但是还要受到外部的控制。它们就像一些刚入职的小员工，还只能处理最基本的任务，面对更复杂的项目时，就没有能力胜任，必须按照上级主管的指引来行动了。

自主型智能机器人在设计制作完成后，就无须额外的人工干预，能够在各种环境下自动完成各项拟人任务。自主型智能机器人的本体上具有感知、处理、决策、执行等模块，可以像一个健全的人一样独立地活动和处理问题。机器人世界杯的中型组比赛中使用的机器人就属于这一类型。自主型智能机器人最重要的特点在于它的自主性和适应性。自主性是指它可以在一定的环境中，不依赖任何外部控制，完全自主地执行一定的任务。适应性是指它可以实时识别和测量周围的物体，根据环境的变化，调节自身的参数、调整动作策略及处理紧急情况。交互性也是自主型智能机器人的一个重要特点，此类机器人可以与人、与外部环境、与其他机器人进行信息的交流。由于自主型智能机器人会涉及诸如驱动器控制、传感器数据融合、图像处理、模式识别、神经网络等许多方面的研究，所以也能够综合反映一个国家在制造业和人工智能等方面的水平。因此，许多国家都非常重视全自主型智能机器人的开发研究。

智能机器人的研究自20世纪60年代初开始，已经过了几十年的发展。目前，基于感觉控制的智能机器人（又称第二代机器人）已达到实际应用阶段，基于知识控制的智能机器人（又称下一代机器人）也取得较大进展，已研制出多种样机。

### 2. 按照形态分类

（1）仿人智能机器人

仿人智能机器人既是人工智能研究梦想的起点，也是最难逾越的高峰！它们就像是机械版的我们，设计制造时不仅要考虑到人的形态和行为，甚至还要考虑到人的心理和道德。

仿人智能机器人一般分别或同时具有与人类相似的四肢和头部，有时也会根据不同的应用需求被设计成不同的形状和功能，如步行机器人、写字机器人、奏乐机器人、玩具机器人等。

目前，仿人智能机器人中比较出色的有AMECA人形机器人（见图10）。它的开发团队是英国科技公司Engineered Arts。这台机器人主要被设计运用于娱乐领域，与真实人类的仿真度极高，它重49千克，高1.87米，身体共有52个模块，支持51种关节运动，全身广泛配备传感器，包括摄像头、麦克风、位置编码器等。这些智能电子设备还具有云智能，可以随着技术进步进行升级，以确保 AMECA 具有高标准的响应性与交互性。AMECA 最令人啧啧称奇的地方当属其面部，它是目前仿人脸程度最高的机器人，不但长得像，而且能够惟妙惟肖地模仿人脸的各种表情。但美中不足的是，AMECA 的研发团队把主要精力集中于对其面部和手部微表情、微动作的精细化研究上，因此这台机器人躯干和四肢的运动能力相对较弱。

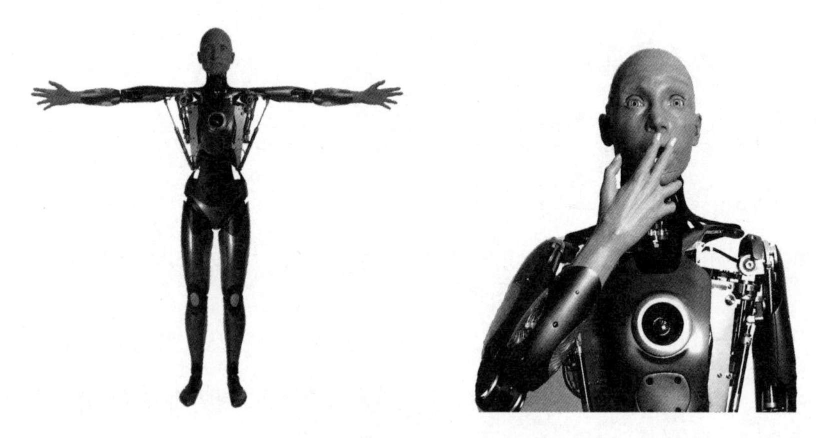

图 10　AMECA 人形机器人

与之相比，美国的波士顿动力公司则尝试了另一个开发方向，他们完全放弃了“机器人表情管理”，因为他们开发的仿人形机器人 ATLAS 根本就没有脸（见图 11）。这台身高 1.53 米，重 89 千克的机器人，优先考虑了三台板载计算机、28 个液压关节的配重。如此牺牲换来了超强的运动能力，它的移动速度高达 8 千米 / 小时，已经远远超过了人类的步行速度（一般是 3 ~ 5 千米 / 小时）。它还可以轻松完成奔跑、跳跃、后空翻等动作。ATLAS 还会利用深度传感器进行实时感知，并使用模型预测控制技术来改善运动，它因此具有令人惊叹的平衡能力，哪怕被普通人踹上一脚也不会摔倒。其搭载的智能编程软件还能自动完成整套动作设计，让 ALTAS 实现随音乐起舞、武术表演、跑酷和杂技等。

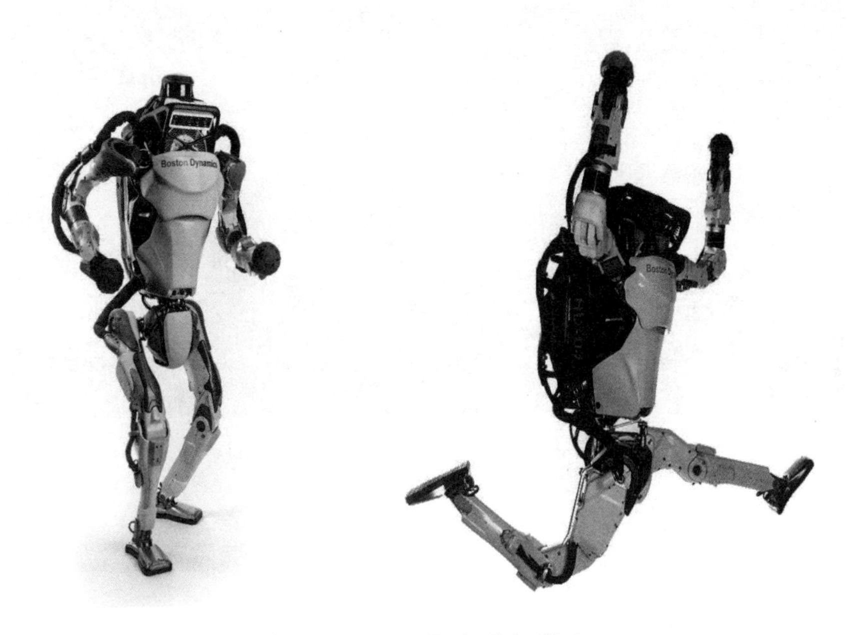

图 11　ATLAS 仿人形机器人

研究仿人智能机器人涉及很多领域，包括机械、电子、计算机、材料、传感器、控制技术，等等，可谓名副其实地集多门学科于一体。上面提到的仿人智能机器人 AMECA 和 ATLAS 都需要极其高昂的制造成本，它们都是为了专业研究领域而设计开发的。目前，以民用商业领域为开发目标，并且取得了一定成果的仿人形机器人，则是艾隆·马斯克投资开发的特斯拉人形机器人“擎天柱”（Tesla Optimus），其标语为“通用、双足、自主人形机器人”（见图 12），预想售价比一辆普通汽车更低廉。

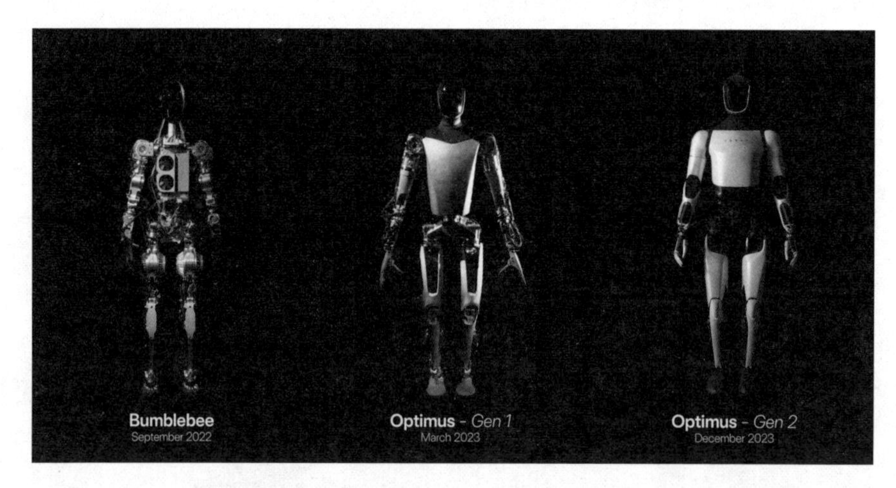


图 12　特斯拉人形机器人的进化

知识拓展

## 走路之难

相较于陆地上大部分动物选择四足爬行而言，我们选择使用的二足行走的方式要困难得多。在行走过程中，我们的脚掌会对地面产生一个斜向下的力，地面对人的斜向上的反作用力与之大小相等，造成的结果是重心向前移动，抬起一只脚时人向前倒，另一只脚撑住，等抬起的脚落下后，再迈另一只脚，如此重复就是走路了。

此外，在我们站立的时候，脚掌并不是完全平压在地面上的，脚掌上有一个凸向上方的弓形结构即足弓。脚趾后和脚后跟与地面接触形成两个主要的支撑点，其余足部肌肉通过足弓维持微妙的身体平衡。如果我们站稳立直，像站军姿一样笔直站立几分钟，我们能感受到要维持完全不动的姿态是很难的，身体重心会有很小的漂移，我们会感觉不由自主地往周围偏移。但这些偏移可以靠足部用力来进行纠正，这是由于我们可以通过足弓结构克服掉这些轻微的偏移，对抗扰动完成站立。简而言之，人类的走路其实是一个不断跌倒的过程，而人类的站立其实是一个不断克服扰动的过程。双足机器人也是如此，为了不跌倒需时时刻刻地获取自身平衡信息，随时修正外部的扰动。如果地形复杂的话，还要随时对周围地形数据进行处理，因此如何保持身体的平衡控制策略便是重中之重。

（2）拟物智能机器人

拟物智能机器人就是仿照各种各样的生物、日常使用物品、建筑物、交通工具等做出的机器人。

它们就像是机械版的万事万物。这些机器人有时候可以很简单，有时候又可以很智能，主要是为了方便人类的日常生活，如机器宠物狗、机器音乐鸟，等等。当然，有时它们会被赋予一些特殊使命，比如昆虫仿生机器人因为体型微小、行动方便（可以飞行），也经常会被各国情报机构当成间谍机器人的研发对象（图 13）。而形似迷你坦克的履带式机器人，由于坚固耐用、可以克服极端环境的特殊优点，而经常被应用于消防防爆、灾害救援之中。

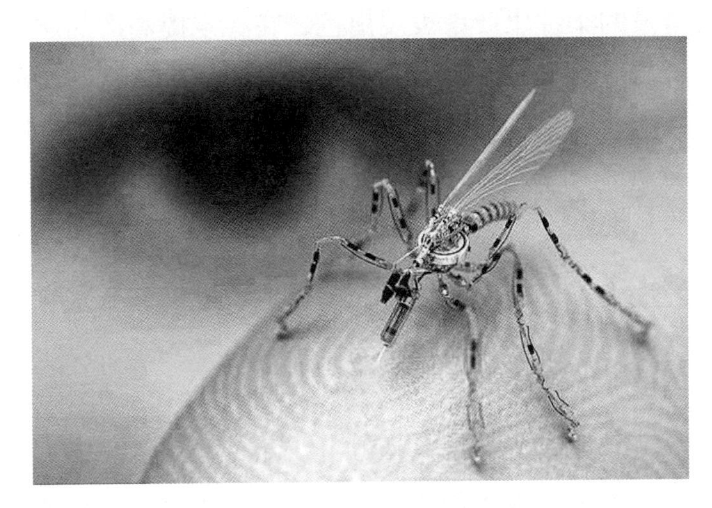

图 13 仿生间谍昆虫

### 3. 按使用途径分类

(1) 工业生产型机器人

工业生产型机器人正越来越受到生产加工企业的青睐。它们是一种特别聪明的自动化生产设备，能够在三维空间里完成各种作业，具有仿人操作、自动控制和可重复编程的特点，通常由操作机（机械本体）、控制器、伺服驱动系统和检测传感装置构成。

工业生产型机器人并非简单地取代人力劳动，而是一种融合了人类特长和机器特长的拟人电子机械装置。它们能够像人一样快速反应和分析环境，同时又能够在长时间内持续工作、保持高精度，且具备抵御恶劣环境的能力。这些机器人在多品种、大批量的柔性生产中表现出色，在稳定提高产品质量、提高生产效率，以及改善劳动条件和产品的快速更新换代中都起到了十分重要的作用。

总的来说，工业生产型机器人是先进制造技术领域不可或缺的自动化设备，在工业和非工业领域都扮演着重要的生产和服务性角色。

(2) 特殊灾害型机器人

特殊灾害型机器人专为核电站事故、核袭击、生物袭击、化学袭击等情况而设计。这些机器人配备了远程操控装置和轮带，可以在灾害现场穿越瓦砾，测定周围的辐射、细菌、化学物质和有毒气体等情况，并将这些数据传送给指挥中心。指挥者可以根据这些数据选择污染较少的路线。

现场人员将携带测定辐射量、呼吸、心跳、体温等数据的机器人执行任务。这些数据将实时传送到指挥中心，一旦发现中暑危险或测定到精神压力过大，或者其他危险情况，指挥中心可以立即下达撤退指令。这种机器人系统能够提供及时的信息，保障救援人员在特殊灾害中的安全。

（3）医疗机器人

医疗机器人是专门用于医院和诊所的机器人，可以提供医疗或辅助医疗服务。这些智能服务机器人能够独立编制操作计划，根据实际情况确定动作程序，并将这些动作转化为操作机构的运动。

在手术机器人领域，目前最先进的手术机器人是“达·芬奇”机器人，全称为“达·芬奇高清晰三维成像机器人手术系统”。这是目前世界范围内应用最广泛的微创外科手术系统，适用于普外科、泌尿外科、心血管外科、胸外科、五官科、小儿外科等微创手术。这是当今全球唯一获得 FDA（美国食品药品监督管理局）批准，应用于外科临床治疗的智能内镜微创手术系统。在医生的控制下，手术机器人的机械臂可以模拟医生的手腕动作，同时还能过滤人手本身的震颤，从而达到比普通手术更高的精准度。

此外，还有外形与普通胶囊无异的“胶囊内镜机器人”。医生可以通过软件控制胶囊机器人在病人胃内的运动，改变其姿态，以需要的视觉角度对病灶进行重点拍摄，从而全面观察胃黏膜并做出诊断。这种创新的医疗技术为医生提供了更精准的诊断依据。

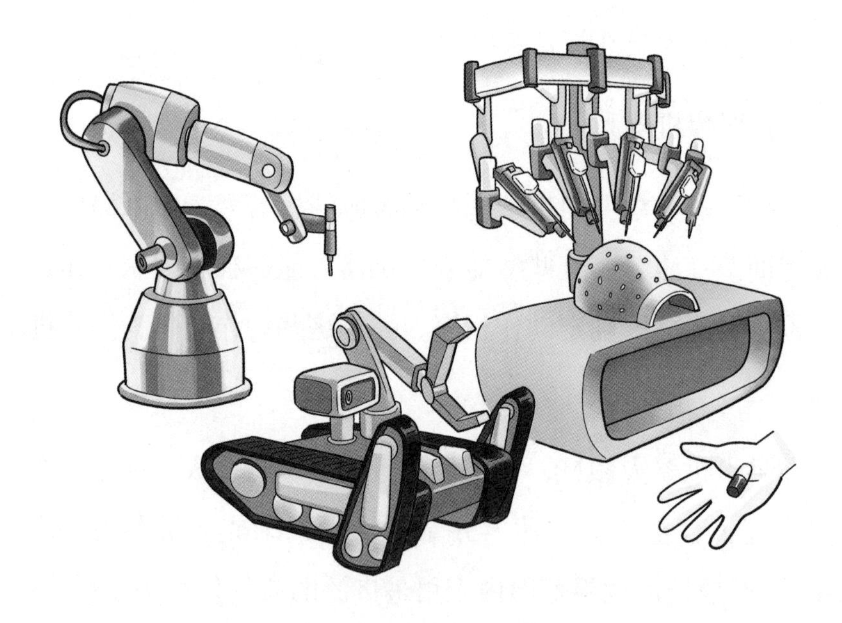

# 第二节 智能机器人的制胜法宝

## 多传感器信息融合技术

在各种各样复杂、动态、不确定和未知的环境中，机器人如果想精准地执行任务，必须能够感知周围的环境变化，并及时地调整策略。因此，我们就需要给机器人添加各种各样的传感器。

机器人所用的传感器有很多种类，大致能够根据用途分为内部测量传感器和外部测量传感器两类。内部测量传感器用来检测机器人组成部件的内部状态。外部测量传感器则为机器人提供类似人类的感知能力，比如有提供视觉能力的图像或测距类传感器、提供触觉能力的接触类传感器、提供听觉的声音类传感器、提供嗅觉的气体传感器、提供味觉的电子舌类传感器，等等。

在实际的应用中，单一传感器提供数据能力十分有限，难以让机器人做出正确的抉择，因此需要多传感器信息融合，取长补短。这种技术其实已经很接近人类的决策方式了。想一想，假设在你面前有一碗食物，你会如何决定要不要吃掉它呢？首先，站在远处的你会通过视觉提供的信息，发现碗里装满了白白的物体，不太确定是什么。靠近后，嗅觉提供了新的信息，你闻到了淡淡的豆香，综合视觉信息中的颜色和形状，你会意识到，原来是一碗豆腐脑啊！于是，你伸手拿起那个碗，这时触觉也提供了信息，这只碗的触感还是温热的，说明这豆腐脑的温度刚刚好。最后，你小小地嘬了一口，味觉也提供了新的信息，是甜的，正是你喜欢的甜豆腐脑！于是你做出了最终抉择，把这碗豆腐脑吃掉。

多传感器信息融合背后的原理，其实与你吃豆腐脑异曲同工。它能够对多种信息进行融合分析，是机器人走向智能的关键一步。因此，多传感器信息融合技术是近年来十分热门的研究课题。当它与控制理论、信号处理、概率学和统计学相结合时，可以帮助机器人在各种复杂、动态、不确定和未知的环境中，更有效地执行任务。

目前多传感器信息融合方法主要有贝叶斯估计、Dempster-Shafer 证据理论、卡尔曼滤波、神经网络、小波变换等。多传感器信息融合技术的主要研究方向，是多层次传感器融合、微传感器和智能传感器，以及自适应多传感器融合。

## 路径规划

在可移动的机器人领域中，路径规划技术也是机器人研究领域的一个重要分支。它主要研究如何使机器人从一个位置移动到另一个位置，同时避免碰撞，并满足其他的条件（比如在路径上完成其他任务）。路径规划的目的是找到一条从起点到终点的路径，不会碰到任何障碍物，同时会尽量选择减少路径长度或者满足其他一些优化规则。

机器人的路径规划方式可以分为全局路径规划和局部路径规划两种类型。这两者之间的主要区别在于机器人所能够获得的周围环境信息量。全局路径规划主要关注在已知环境中从起始点到目标点的路径规划问题，换言之，全局路径规划就像是一位已经掌握了大地图的导游，它所面对的变量类似旅客的集散点、观光点，它的任务就像是根据所有信息来安排好行程。相比之下，局部路径规划主要在局部未知或动态变化的环境中进行实时路径规划，以应对环境中的障碍物和动态变化，它更像一位开辟新大陆的探险家，需要通过传感器实时地了解周围环境信息及环境变化情况，从而选出根据目前周围环境状态下的最优路径。

这两种类型的路径规划方式通常是相辅相成的，在实际应用中，通常会使用全局和局部路径规划相结合的算法。用全局路径规划为机器人提供了一个大致的路径指南，再用局部路径规划帮助机器人实时应对环境中的动态变化和未知障碍，确保机器人能够安全、有效地完成任务。

近年来，随着人工智能、5G等技术的成熟，智慧物流、智能仓储、无人车配送、智慧港口、无人餐车等智能场景被越来越多的人看见和熟知。在这些智能场景中，最核心的技术莫过于路径规划。这些应用场景中都部署了大量多种不同功能和特性的机器人，这些机器人不仅能够依据系统指令处理订单，还可以完成自动避让、路径优化等工作，并且通过不同机器人间的协作工作实现真正的智能与无人化。

## 智能控制技术

智能机器人的研究目标并不是完全取代人。目前来看，复杂的智能机器人系统如果仅仅依靠计算机程序实现自动的运行和控制，在应用场景上是有很大局限性的。如在复杂地形或需要抉择的场景中，自动执行的行动可能不是使用者想要的。一个正式意义上的智能机器人系统应能够接受使用者的想法，并且为达成使用者的意愿来行动。因此，使用者如何控制机器人并尽可能操作简单地进行交互的技术，也就是智能控制技术，成了智能机器人研究的重点问题之一。

在生活中，你有没有因为智能家电的操作不够简便而恼火过？或者，你有没有听到过自己的爷爷奶奶抱怨不会使用智能手机？这些问题引起了研究者们的思考——人类究竟应当如何与机器人进行交流，才能令机器更好地按照我们的意愿来行动呢？

而智能控制要研究的就是人类与计算机（或其他技术设备）之间的这种交互方式，内容涉及极其广泛的领域——在硬件层面，我们日常使用的键盘、鼠标、触摸屏等设备，需要进行简化和优化，从而提高用户与计算机之间的交互体验；在软件层面，需要设计出更加易于理解且符合用户使用习惯的图形用户界面。各种物理或虚拟设备总有不断提升的空间，使人与计算机的交互更加自然、高效和友好。除此之外，智能控制技术还要求计算机能够看懂文字、听懂语言、学会表达，甚至能够进行不同语言之间的翻译，而这些功能的实现又依赖于知识表示方法的研究。因此，研究智能控制技术不仅有巨大的应用价值，还有极强的理论意义。

目前，智能控制技术已经取得了突破性进展，文字识别、语音合成与识别、图像识别与处理、机器翻译等技术已经开始实用化。另外，智能控制的装置和交互技术、监控技术、远程操作技术、通信技术等，也是智能控制技术的重要组成部分，

其中远程操作技术是一个重要的研究方向。

智能控制技术有时也会被称为“人机接口”。相信听到这个名词时，有不少人会马上联想到科幻电影《黑客帝国》里的场景——通过“脑后插管”进入虚拟世界；或者是像《少数派报告》里一样，将电极贴在额头上，从而实现机器与人的连接。实际上，这一类技术应当被称为“脑机接口”，只能算作“人机接口”概念中的一个小分支。人机接口可以广泛应用于日常计算、娱乐、生产等领域，并且主要通过外部设备进行控制。相比之下，目前的脑机接口研究则更专注于医疗和康复领域，主要研究目的是为残障人士提供一种通过脑波进行环境控制的方式。与人机接口主要通过人体动作，如点击、滑动、语音命令等动作来实现对外部设备的操控不同，脑机接口的控制方式基于大脑信号，需要通过思维活动来实现对外部设备的控制。

## 知识拓展

1965 年，当时还是一名高中生的美国未来学家雷蒙德·库兹韦尔，通过改装过的计算机，进行了一段有趣的艺术创作。在当时，很多人都只是觉得这名高中生很厉害，然而在 46 年后，也就是 2011 年的时候，库兹韦尔却提出了一个有趣的观点：人类正在接近计算机智能化，甚至人类文明将终结于 2045 年。

库兹韦尔认为，人类科学技术的发展就好像“奇点大爆炸”一样，一开始前期的发展是非常缓慢的，属于不断积蓄能量的阶段，之后，伴随能量越来越多，最终会在某一个时刻迎来大爆炸。对于人类来说，人工智能方面的科技大爆炸，就是人类文明灭亡的开始。

目前，人工智能大致被分为 3 个阶段：弱人工智能、强人工智能和超级人工智能。从现阶段来看，人类所处的人工智能阶段是第一个阶段——弱人工智能阶段。说白了就是人类自己设定的程序看起来神奇和强大，但是离超级人工智能还差得很远。

按照人类目前的发展，大约 2045 年左右，人类就会告别弱人工智能阶段，进入强人工智能阶段。这时候人工智能水平已经相当于人类世界中儿童的智商了，那么，你以为接下来人类还需要多长时间才可以抵达超级人工智能阶段呢？

# 第六章

## 漫游属于你的人工智能世界

在过去的几十年里，人工智能从科幻小说中的想象，变成了我们生活中的现实。当我们谈论AI时，很容易联想到智能手机、自动驾驶汽车，或者是像Siri和小爱这样的个人语音助理。然而，人工智能的影响其实已经远远超出了这些日常应用，正悄然改变你意想不到的一些领域，超越传统边界，成为人类智慧的延伸，人工智能已经打通了解码过去与畅想未来的大门。可以料想，在未来，人工智能参与塑造的世界将非常神奇。如果想在这个神奇的世界中游刃有余，我们绝不能被动接受，而应不断地主动学习——不但要了解人工智能已经可以做些什么，更要充分打开自己的想象力，去思考我们还能运用这项技术去解决哪些问题，从而让生活变得更精彩，让世界变得更美好。

# 第一节 人工智能还能做这些！

接下来，我们将一起走进人工智能的非传统应用领域，探索它是如何在刑侦、考古学以及非遗保护中发挥作用的。我们会发现，人工智能不仅是一项技术，还是一种推动我们理解世界的新方式。它能帮助我们解锁过去的秘密，解决当下的难题，甚至预测未来的趋势。随着技术的不断进步，人工智能正变得越来越像是一把打开知识宝库的钥匙，为我们揭示一个更加广阔、深邃且非凡的世界。

## 超级福尔摩斯：AI 在刑侦领域的作用

你听说过大侦探福尔摩斯吗？相信有不少读者是他的忠实粉丝吧？这位伟大的顾问侦探，是由 19 世纪的柯南·道尔爵士虚构出来的人物。小说将他描述为“足不出户就可以解决很多疑难问题”，听上去极其不可思议。然而，在一百多年后的今天，随着人工智能技术在刑侦领域的运用，足不出户就可以破案的超级侦探，正在逐渐变为现实。不像传统的侦探带着放大镜四处奔波，AI 能以其独特的方式帮助警方解开复杂的案件之谜。现在，我们就来看看这位“数字侦探”是如何在刑侦领域大显身手的。

利用先进的监控系统和机器学习算法，AI 能够快速处理和分析大量的视频数据，挖掘出关键线索。比如就有报道称，在张学友演唱会期间，苏州警方曾一举抓获了 22 名在逃罪犯，令昔日“歌神”成为“捕神”，一度成为网络热梗。而张学友演唱会之所以会变成“罪犯克星”，背后的真正“功臣”其实就是人工智能系统——演唱会的人脸识别检票系统关联了警方

的数据库，可以在扫描观众面部的同时，迅速完成与在逃人员信息的比对，实现了实时识别。因此，不法分子在检票进入时，立刻就露出了马脚，随即被一旁收到提示的值班警察捉拿归案。

这种抓捕逃犯的方式，对人脸识别硬件的要求并不高，只要系统后台能与警方共享数据，就都有“立功”的机会。比如，在疫情时期，灵思智能摄像机原本是用于监管社区防控措施的一套智能设备，主要任务是检查人们有没有佩戴口罩、避免不必要的接触等。但意想不到的是，这些摄像机同样也能胜任侦探角色。在北京的某个社区，人脸识别和大数据分析不仅识别了一名在逃的持刀入室抢劫嫌疑人，还分析了他的行为轨迹，最终成功协助警方将其抓获。在这一场现实版侦探故事中，AI 成为破案的关键。

如今，在“天网工程”和“雪亮工程”下，公安机关利用 AI 进行案件侦破，已经积累了丰富的经验。无论是交通肇事、社区偷盗还是杀人潜逃，犯罪分子几乎无处可逃。在融合了物联网通信、定位、大数据等多种技术后，人工智能可以有效提升对高风险人或事的感知精度，以加强安全防范能力并有效助力打击犯罪，达到“法网恢恢疏而不漏”的效果。

当然，有些人或许会觉得，在上面这几则案件中，人工智能所扮演的角色更接近于警方的“猎犬”，而不是真正的侦探。因为它们只是帮助抓捕到了被警方定为通缉犯的对象，而不是自己分析出谁才是罪犯。别急，接下来的例子会告诉你，人工智能“超级侦探”的称号，究竟是不是虚名。

在现实中，人工智能可以结合 DNA 技术，在刑侦方面达到令人瞩目的水平。以 Parabon Nanolabs（美国的一家小型的 DNA 信息公司）为例，我们可以深入了解这一技术如何改变了刑侦过程，特别是与人类侧写师的工作相比。传统上，人类侧写师通过分析犯罪现场的证据，结合心理学、犯罪学和法医学知识，手工绘制嫌疑人的肖像。这种方法依赖于侧写师的专业技能和经验，尽管有效，但存在主观性和局限性。

相比之下，基于 AI 算法的 DNA 表型分析，则为刑侦提供了一种更为科学和精确的方法。Parabon Nanolabs 还是世界上著名的法医遗传公司，他们采用的技术超越了传统的基本面部特征点分析，通过机器学习算法，结合大量 DNA 样本和面部照片，可以准确地重建嫌疑人的面部特征。这种方法不仅能够提取基本的特征点，如眼睛颜色和头发质地，还能分析个人的血统，提取更综合的面部轮廓。

这种基于 AI 的 DNA 分析相较于人类侧写师的工作，具有明显的优势。首先，它减少了人为错误和主观误判，提高了识别和追踪嫌疑人的准确性。其次，即使在 DNA 样本量极小的情况下，AI 依旧可以处理和分析出大量信息，能迅速比对和识别嫌疑人，在处理长期未解的疑难案件时特别占优势。例如，1987 年，一对加拿大夫妇的谋杀案，以及 20 世纪 60 年代，一名年轻女子的性侵遇害案中，Parabon Nanolabs 通过将犯罪嫌疑人的 DNA 与家谱数据库中的档案进行比较，最终都成功追查到了犯罪嫌疑人。

除此之外，AI 技术还能预测犯罪行为出现的概率，与警方联动，从而实现预防犯罪的目的。通过分析监控视频中的动作、表情、着装，乃至结合地区的犯罪率和天气条件等宏观数据，AI 可以实时监测任何可疑迹象，并及时报警。

然而，人工智能技术在刑侦领域的使用，也引发了关于隐私和伦理的讨论。无论是对监控画面的分析，还是对 DNA 数据的收集和使用，都会涉及个人隐私权，但同时又不可否认，这些技术的应用将对公共治安作出巨大贡献。因此，我们目前急需在刑侦需求和个人隐私保护之间找到平衡，认真思考如何确保数据安全和防止滥用的问题，研讨并制定出相关的应用规则与规范。

总而言之，上述这些案例都展现了 AI 技术在刑侦领域的强大能力，揭示了人工智能正成为现代社会中不可或缺的一部分。随着 AI 技术的不断进步和完善，我们可以期待它在刑侦领域发挥更大的作用。或许有一天，我们每个人都能像超级福尔摩斯一样，用智慧的眼睛看透复杂的案件，为正义和安全贡献自己的力量。让我们拭目以待，未来定会有更多激动人心的故事发生。

##  历史解码大师：AI 在考古学中的应用

就像警方利用 AI 技术来拨开案件迷雾一样，考古学家也会利用 AI 技术来解锁古代文明。在考古学这个领域中，人工智能正开启一场前所未有的革命。AI 不仅能助力解读遥远的过去，还能揭示那些长期隐藏在地下的历史遗迹的秘密。让我们来看看 AI 如何在考古学中发挥其独特的作用吧！

在历史长河的洗礼下，只有很少的文明能够延续至今。更大一部分的历史文明会因为各种复杂的原因而失落。古文字会失传，古代器物上的铭文也会变得模糊不清，这些都会对解读古代文化产生巨大的影响。

现在，AI 技术能够助力解析这些难以辨认的文本。通过机器学习算法，AI 能够分析和比较大量的文本资料，从而揭开历史的奥秘。它甚至能够协助重建破碎的文物上的文字，为我们打开通往古代文明的大门。

在这方面，中国四川的三星堆遗址就是一个绝佳的例子。“沉睡三千年，一醒惊天下”——这句话用来描述中国四川省

的三星堆遗址再合适不过了。这个遗址原本只是被当地人称为“堆堆儿”的三座小土堆，后来却被发现是璀璨古蜀文明的重要见证，成为考古学界的重大发现。三星堆博物馆（新馆）于2023年8月1日正式对外开放，向公众展示了1500余件珍贵文物，其中包括首次向公众展出的近600件文物。这些文物的发现和修复背后，就有人工智能技术发挥着重大作用。

其实，在三星堆发掘的过程中，考古学家面临了巨大的挑战。截至2022年11月，新发现的6座祭祀坑中出土了17000多件文物，其中约有86%是不完整的器物。这些文物经过长时间的风化，变得异常脆弱，修复工作难度极大。在这种情况下，传统的修复方法显得力不从心，急需新的技术支持。

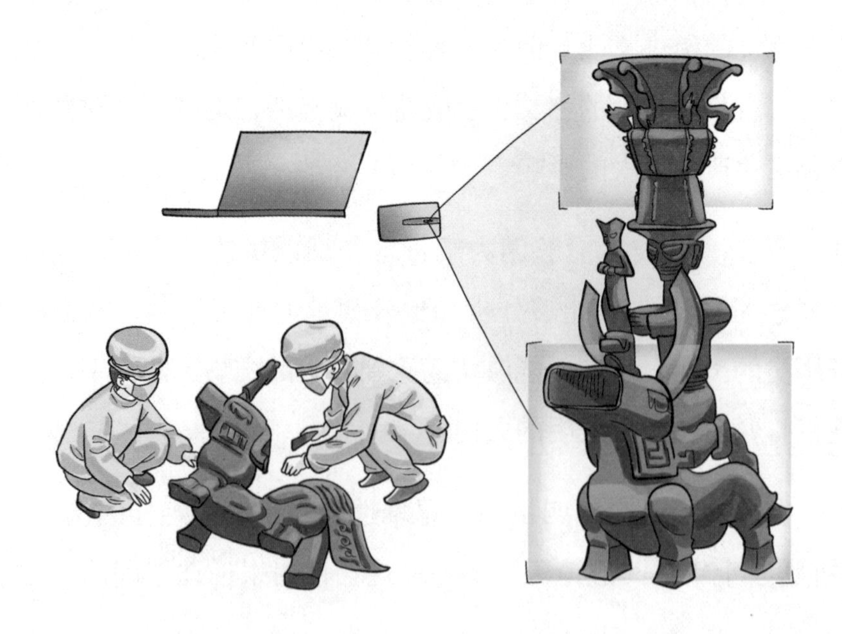

特别值得一提的是，三星堆遗址 8 号坑出土的大型立人青铜神兽，是在中国乃至世界范围内首次发现的珍贵文物。这件器物的下部是神兽底座，大嘴、细腰、四蹄带有纹饰，神兽之上头顶立人，整件器物纵向从上至下、横向从神兽嘴部到尾部的长度均超过 1 米，形制奇特、花纹繁复，堪称一绝。但由于长时间的埋藏，它出现了严重的腐蚀、开裂和变形，部件缺失不全，独一无二的造型更是缺乏可参考的依据，修复难度堪比登天。

到底该怎样修复这件青铜器呢？考古学家感到了极大的困扰，迟迟不敢动手。这时，人工智能技术的介入成为解决这一难题的关键。四川省文物考古研究院与腾讯 SSV 数字文化实验室展开合作，首先利用三维数字化技术对文物碎片进行建模，然后训练实验室的“3D 多碎片拼接算法”去学习专家对文物的拼接思路和修复过程，最终借助科技手段实现了多个文物碎片的快速对比和虚拟拼接。

使用数字化和人机协同智能技术对文物进行虚拟修复，可以在不损伤文物实体的前提下，展示文物的多种状态，满足不同受众和场景的需求。这既遵循保护修复原则，又不改变文物的本来面貌，充分体现了科技加持下考古研究的更多可能。

除了修复文物碎片，AI 还可以被运用于预防性的文物保护工作中。比如，在 2021 年，敦煌研究院与腾讯签署战略合作协议，成立联合工作小组，引入腾讯多媒体实验室 AI 病害识别技术，通过深度学习敦煌壁画病害的相关数据，让 AI 学会为壁画“看病”，从而实现了自动化且高效的壁画病害分割与识别。

另外，在 AI 技术的加持下，考古创新中又有了新的热门话题——遥感考古。让考古学家像侦探一样，从天空中发现隐藏在地面下的古代秘密——尽管这听起来像是科幻小说中的内容，但它确实是一种已经被运用于现实的技术。通过卫星和飞机拍摄的特殊照片，考古学家们就能够找到被埋在地下数千年的古城遗址，甚至是古代的道路和建筑。

遥感考古技术的一个典型应用，就是对西域都护府治所位置的判断。西域都护府是汉代管理西部边疆的重要机构。长期以来，学者们都无法确定它的位置，它几乎成了一个千古谜团。近年来，中国科学院空天信息创新研究院、国家博物馆和新疆文物考古研究所等单位联合，利用遥感数据在大范围内探测，再结合历史文献和现场勘查，最终发现了一个特别的地方——奎玉克协海尔古城（图 14）。这座古城遗址为圆角方形，表现出西域与中原特色的融合，城墙边长约 230 米，为汉代的百丈，符合汉代规制。

而之所以能发现这个地方，就是因为在遥感影像上，此处出现了一圈环形异常，尤其是降雨后表现为明显的潮湿标志，提示其土壤结构与周边不同，推测为壕沟。后来，经过实地的探测和挖掘，专家们证实了这确实就是西域都护府所在地。如果没有 AI 遥感技术，要在茫茫大漠戈壁中找到一个面积仅有 0.053 平方公里，且早已荒芜的遗迹，无异于大海捞针。

图 14　2014 年 2 月的奎玉克协海尔古城遗址——卫星遥感图

AI 遥感技术还可以穿透森林的树冠，捕捉到地面的信息，甚至能穿透地表，找到埋藏在地下的遗迹。这意味着考古学家可以在不破坏地面的情况下，探测和研究古代文明，就像有了一双可以看穿地面的超级透视眼!

无损修复文物、诊断文物病害、寻找千古迷城——通过 AI 技术，考古学家们能够完成更多不可能的挑战，极大地丰富了我们对历史的了解。而且，这项技术还在不断进步，未来肯定会带来更多激动人心的发现。想象一下，或许有一天，你也能参与到这种探索历史的冒险之中呢!

## 传承守护者：AI 参与非遗文化保护

在全球范围内，无数的非物质文化遗产（非遗）项目正面临着生存和传承的重大挑战。从我国的皮影戏到埃及的黑拉里亚史诗，从非洲的传统疗愈舞蹈到南美的古老手工艺，这些独特的文化形式在现代社会中寻找着自己的立足之地。而人工智能技术的介入，为这一全球性问题提供了创新的解决方案。

在中国，众多非遗项目正面临着市场化和传承的困境。以湖北为例，尽管有着众多国家级和省级非遗项目，但能够实现市场化经营的仅占极小比例。襄阳的李庆山老人，作为一位漆器髹（xiū）饰技艺的传承人，面对工艺的式微和市场需求的减少，他的工作室只能勉强维持运营。而与他一样的非遗传承人，大多遭遇着后继无人的难题，一些特殊的手艺甚至不幸失传。比如福建福州的"苏苏酱鸭"，由于其第三代传承人刘依富在 66 岁时突发中风，缠绵病榻数年后去世，在福州老街上飘荡了一百多年的诱人酱鸭香，从此彻底消失了。

非遗技艺的传承人难觅，许多传统技艺面临失传的风险。在这种背景下，AI 的介入成了一种有效的新思路。比如，在上海美术学院的一项"非遗数字可视化"实验中，一位木雕非遗传承人的创作过程被记录下来。他手上和身上佩戴的传感设备，捕捉了其脑电波和肌力数据，将这门古老技艺转化为可量化的“大数据画像”。无独有偶，在土家族盘绣的学习实验中，通过对传承人和学习者的数据进行分析，研究人员能够清晰地了解整个学习过程。这不仅有助于提高学习效率，还为非遗技艺的远程教学和体验提供了技术支持。

但质疑也随之而来。尽管 AI 技术为非遗传承提供了新途径，却也引发了公众对传统文化可能因机器而失去本质的担忧。有观点认为，手工艺真正的魅力，恰恰在于它的非标准化和个性化表达，机器的介入是否会削弱这些艺术形式的独特性和创造力？

面对这样的担忧，我们首先需要明确一点：在未来，了解和掌握 AI 技术很可能将如同今天的数学、英语一样，成为每个受教育者的基本素养。AI 技术的普及和发展，意味着未来每个人都将更加紧密地与这项技术相连。我们不应恐惧它、拒绝它，而是应更加灵活多样地去运用它。

在非遗领域，AI 技术将成为连接传统文化与现代社会的重要桥梁。通过它，一方面，在缺少新一辈传承人的情况下，AI 可以记录并保存下传统技艺的基本技巧；另一方面，我们也可以结合科技的力量，对传统技艺进行重塑，使之更贴合当代社会的审美和需求。同时，AI 的大数据分析能力也有助于准确定位目标受众，实现传统文化与现代市场的对接，真正地令古老技艺焕发出全新的生命力。要知道，非遗保护的真正价值并不在于为其“续命”，而是要让它们发扬光大！

## 第二节　人工智能重塑教育边界

探索了 AI 在考古、刑侦等领域的独特价值，以及在文化保护方面所展现出的重要性后，你是否也开始思考：这项日益融入我们日常生活的先进技术，还将如何影响我们认识事物的方式和获取知识的过程呢？正如 AI 能够通过数字化手段记录并传承非遗技艺，它在文化教育领域是否也同样拥有无限可能？

未来将会是一个以数据和算法为基础的世界，到那时，AI 不仅是知识获取的工具，还是引导我们深入理解世界，并进行创新思考的催化剂。下面，就让我们一同探索人工智能与未来教育之间的联系，看看 AI 将如何在教育领域开辟新天地，为我们带来全新的学习体验。

## 数字教室里的奇幻旅程

如果未来的学校不是由砖石和钢筋构成的建筑，而是一个充满无限可能的数字世界，会是怎样一番景象呢？就像我们在《哈利·波特》中看到的魔法学校一样，未来的学校也许同样会充满神奇和惊喜。而这一切的幕后推手，可能就是我们的好伙伴——人工智能。

或许到那时候，你走进一间虚拟教室后，四周的墙壁会突然变成遥远星系的模样。你可以在银河系中遨游，探索每一颗星球的奥秘。又或者，如果你对历史感兴趣，就会一步跨入古罗马的斗兽场，亲眼见证那些传说中的英雄故事。虽然现在听起来，这一切似乎只能在梦里发生，但在未来，这或许就是孩子们每天的学习生活。

虚拟现实（VR）和增强现实（AR）技术能够提供更加生动和有趣的学习体验。学生们可以身临其境地体验复杂的科学实验，探索遥远的星系，甚至亲历历史事件。这样不仅能激发学生的学习兴趣，还能帮助大家更好地理解和记忆学习内容。在AI的帮助下，学生可以探索各种模拟场景，进

行实验性学习，这些都是传统教育方法难以实现的。这种沉浸式学习对于创造力的启发至关重要，因此，在未来，AI将不仅是知识的记录者和传递者，还会是一种创新思考的催化剂。

## 个性化教学的魔法

每个人都是独一无二的，有着自己的学习节奏和兴趣。在人工智能的帮助下，学习不再是一种单一的老师讲、学生记的教育形式。你可以根据自己的兴趣选择学习内容，比如：如果你对宇宙感兴趣，AI 教师会为你制订一个关于天文学的学习计划；如果你有音乐天赋，那么你的课程就会更偏向于音乐理论和实用技巧。这样，每个孩子都可以在自己喜欢的领域发挥最大的潜力。

在人工智能的帮助下，学习变得更加个性化和高效。通过分析学生的学习习惯、进度和理解能力，AI 能够提供定制化的学习计划和资源，使学生能够以最适合自己的方式学习。说不定，我们将来会减少去学校的频率，而更多地采取在家自学的形式，软件会根据我们的答题情况和学习速度，调整教学内容和难度，确保每个学生都能在自己的节奏中获得最大的学习效果。再比如，在我们学习语言时，系统能够根据每个学习者自己的进度和错题集，提供定制化的练习，补足弱点、巩固知识点。

更重要的是，这位会帮助我们制订学习方案的 AI 助手，可能不仅会帮我们解决学习上的难题，还能成为心灵上的伙伴。当我们感到困惑或沮丧时，它会在第一时间给你鼓励和建议；在我们成长的每一刻，它都会成为我们的陪伴者和见证者。这样的 AI 助手，不仅是一个学习工具，而且是一位情感上的支持者，甚至还可以起到心理辅导员的作用。

## 被重新定义的师生关系

老师和学生一直是教育中最重要的两种角色——老师负责传道解惑，学生负责继承知识、掌握技巧。但是，随着人工智能在教育领域的应用，特别是“AI 助教”这一新角色加入教育环境中去后，原本亘古不变的师生关系，也可能被改写。

或许在未来，老师的首要角色将不再是那位把知识教给学生的教书人，而是教育方案的决策者和教育计划的掌舵人。通过 AI 所分析出的大量教育数据，老师可以对教学中的问题和学生学习的难点，产生更加科学全面的认知，充分了解不同教学方法的效果，根据不同情况选择最有效的教学策略，真正做到因材施教，从而提高教育质量，乃至推进教育改革。

至于学生，他们也不只是知识灌输的被动接收者，而是探索者和创造者。在 AI 的引导下，孩子们可以尽情发挥自己的想象力，创造出属于自己的学习空间。无论是设计一个全新的游戏、编写一个故事，还是发明一个小装置，自主探索的空间将更加广阔。而且，学生也可以对自己的学习方案提出改进的想法。不像长久以来，我们必须按照学校规定的课程表去上每一堂课，或许未来的学生将拥有更大的自主权，真正成为学习的主人。

## 未来教育也并非童话

就像每个故事中总有一些难题需要克服一样，AI 可被善用，也可被滥用，自然也会给未来教育带来新挑战。

在人工智能充斥的未来教育界中，最大的挑战之一是确保每个孩子都能平等地获取这些资源。设想一下，如果只有富裕家庭的孩子能够拥有最先进的 AI 学习工具和环境，而其他孩子却不行，这样的教育公平吗？如果我们无法保证这一点，那么技术革新就反而可能会加剧社会的不平等。因此，确保每个地区、每个家庭，无论贫富，都能享受到高质量的 AI 教育，是一个迫切需要解决的问题。

另外，虽然人工智能可以在很多方面辅助学习，但过度依赖 AI 助手的解答和建议，可能会阻碍孩子们独立思考和解决问题的能力，就像过度依赖地图应用可能会让我们丧失方向感一样。这种过度依赖的风险是实实在在的，特别是当 AI 变得足够智能，能够回答几乎所有问题时。学习是一场个人探险，我们不能让自己完全依赖于 AI 的引导，而忽略了自我探索的乐趣和价值。

还有一个现实问题是，浸染在AI教育环境中后，学生们可能会找到新的作弊方式。例如，他们可能利用AI技术来完成作业或者考试，而不是自己写作业。这不仅损害了学习的真正目的，还会影响学生诚信和责任感的培养。事实上，这个问题已经出现了，一些高校为此还不得不开发出能够识别和防止AI作弊的智能系统。

## 世界高校与 ChatGPT 的战斗与和解

全球各地的大学对于 ChatGPT 这样的生成式 AI 持有两极化的态度，有的学校表示欢迎，有的则摆出了防守姿态。

比如中国香港大学，最初是一副“不欢迎”的姿态，禁止学生使用 ChatGPT 等 AI 工具来完成课程作业。但不久后，港大就决定给师生们提供多种生成式 AI 应用程序，不过有个小限制——每月只能向 AI 提出最多 20 个指令。这一转变背后，其实是对 AI 大趋势的接受。港大认为，除了传统的沟通能力，掌握应用 AI 工具是学生必备的第五种能力。

在日本，文部科学省也在纠结要不要让学生在考试中使用 ChatGPT。他们规划了一份指导草案，允许在课堂讨论、英语语法纠正或学习编程技巧时使用 AI 工具。但东京上智大学却全面禁止学生使用 ChatGPT 来撰写作业和论文，理由是担心学生学习效果受影响。

而英国罗素大学集团内的24所著名大学则统一表示将接受ChatGPT的存在，但会对其使用发布细则，引导学生正确使用AI工具。他们的负责人认为："我理解人们害怕改变，但这是我们的工作，我们需要为外面的世界培养学生。我们不能一味按照过去30年来的方式做事，这才是不可以接受的，就这么简单。"

## 探索学习的真正目的

在 AI 的帮助下，我们可以轻而易举地获得问题的答案，但真正的学习不应仅仅停留在寻找答案的层面。学习是一段自我发现和自我成长的旅程。每当我们解决一个问题，所收获的不仅是得到了一个答案，还是对自己能力的一次探索和提升。

虽然 AI 可以为我们提供无尽的“答案”，但它却无法代替我们的创造力、想象力。学习的真谛在于将知识化为改造世界的工具，去构建新的想法和解决方案。我们学习的目的从不只是为了记住事实，而是为了学会如何用这些事实去创造和创新。

随着 AI 技术的普及，我们必然不可能拒绝科技应用的大势所趋，因此学习的手段与形式肯定也不能一直墨守成规、不思变通。但与此同时，我们每个人也都肩负着更大的责任。我们需要学会如何正确地利用强大的科技，为构建一个更加公平和谐、可持续的未来贡献自己的力量。所以我们学习，不仅是为了自己，还是为了整个社会和世界的未来。

故而，书写未来的笔其实就掌握在你的手中。只有首先明白了学习不仅仅是为了应对考试或者完成作业，它是一种生活态度，一种自我提升和实现梦想的方式，才能真正成为自己故事的作者。

当我们漫游于人工智能世界，追求着科技革新的时候，绝不可以忘记人工智能背后的核心——人的智慧与情感。要打造属于我们的未来人工智能世界，不仅取决于算法的精准和数据的大规模，还在于我们如何将这一技术与人类的价值观、道德规范和情感世界相融合。面对这样的未来世界，我们的每一个选择，不论是作为消费者的购买决策，还是作为公民的伦理思考，都会影响人工智能技术的发展方向。

# 第七章

## AI 时代的困惑：机械心灵与伦理迷境

## 第一节 人工智能带来的挑战

随着科技的迅猛发展，人工智能已经逐渐渗透到我们生活的方方面面。从智能手机、自动驾驶汽车，到医疗诊断和金融投资，AI 的应用无处不在。然而，在这看似美好的科技飞速进步的背后，却也遗留下不少令人担忧的隐患。

比如，全球极具影响力的新闻周报《经济学人》就曾报道过，三星半导体员工疑似在工作过程中泄露了公司机密。后经调查发现，三起泄密事件的根本原因皆是员工将公司机密资讯输入 ChatGPT 而导致。

人工智能的发展在带来新的就业岗位的同时，也在不断地对“重复型脑力劳动者”造成冲击。而在过去，这些工作岗位的从业者并不属于传统意义上的低技能人员。美国波士顿咨询公司 2021 年的研究表明，人工智能对职工的比例每增加 1‰，就会有 0.18% ~ 0.34% 的就业岗位相应减少。Open AI 公司在推出 ChatGPT 后，发布报告分析 GPT 模型和相关技术对美国劳动力市场的潜在影响，研究结果表明，仅在美国就会有约 80% 的工作任务受到影响，其中翻译工作者、作家、记者、数学家、财务工作者、区块链工程师等脑力劳动者受影响最大。当然，这些影响都是双面的，既有不利因素，也有积极因素。在人工智能的辅助下，重复型脑力劳动可能会被取代，而创意型脑力劳动的潜力也有可能会得到释放。

此外，因人工智能使用不当而带来的风险与危害也值得关注。根据美国国家公路交通安全管理局 2022 年 7 月发布的 L2 级自动驾驶事故数据报告，2021 年 7 月 1 日至 2022 年 5 月 15 日的 10 个月内，有 392 起事故与 L2 级 ADS 辅助驾驶系统有关。

当我们在享受人工智能带来的便捷和高效时，是否也曾思考过这些问题——这些智能机器究竟是我们的朋友还是敌人？它们是否会在未来的某一天超越人类，脱离我们的控制，甚至威胁到我们的生存？这些问题虽然在今天看来似乎遥不可及，但实际上已经迫在眉睫了。

因此，我们之所以从此刻就抓紧思考有关人工智能的伦理问题，究其背后的意义，就是要确保科技的发展是用来造福人类，而不是给我们带来灾难。

##  人工智能会让我们失业吗？

自动化技术的应用使许多传统的、重复性高的劳动工作可以由智能机器人执行，能够减少人力投入。但随之而来的必然困扰就是，就业市场是否会因此遭受极大的冲击与变革？

人工智能在制造业领域相较于传统人力具有巨大的优势，不仅可以自动化和优化烦琐的人工操作，降低成本和出错率，还可以实现24小时不间断工作，解决人力短缺和劳动力成本上升等问题，为企业降本增效。因此，随着自动化的逐步推进，某些岗位的劳动力需求也在逐渐减少。

比如，传统汽车组装车间中以工人为主，流水线上由一位位工人将汽车部件组装到汽车内（图15）。而现在全世界生产效率最高的整车工厂——特斯拉超级工厂，人工智能机械臂给特斯拉带来高达95%的全自动化生产（图16）。其中官方介绍称特斯拉焊装车间的自动化率已经接近100%，产能达到了95万辆/年，平均每30多秒就有1辆车下线。以产能计算，上海特斯拉超级工厂单位面积的产能，是上海汽车集团与比亚迪工厂的2倍以上，是传统燃油车工厂的4倍。

图15　老式汽车生产线

图16　现代化汽车生产线

（图片来源：Freepik）

除了对制造业人力的冲击外，利用人工智能算法，模拟人类形成的数字人，对于服务业岗位也产生了巨大冲击。数字人是数字化外形的虚拟人物，通过计算机生成的3D模型，具有人类的面部表情、语言和动作能力。数字人可以作为客服人员，24小时不间断、一对多地处理用户的咨询和投诉。只要服务器允许，数字客服没有同时接待数量限制（对用户而言就是没有等待时间），这将极大地提高服务效率、减少运营成本。数字人还可以担任销售工作，通过分析顾客消费记录、用户行为等大数据，更好地了解客户需求，实现个性化推荐。

数字人作为“新型服务人员”，具备高度智能化和互动性，能够实时回答用户问题，提供专业、个性化的建议。它的“从业”领域没有上限，可以是网红AI美妆博主、数字主持人、带货主播，甚至手语数字人等角色（图17）。人工智能的应用千变万化，虽然人们可以享受到更加个性化、专业化的服务，但不可否认，这些虚拟数字人也确实会与传统服务业人员形成竞争。

当然，冲击传统行业的同时，人工智能技术也肯定会催生新的就业机会。例如，机器人的维护、编程、监控等工作需要专业的技术人才，服务人员的工作也逐步转变为幕后的话术编写、营销活动方案编写、营销数据分析等更具创造性与决策性的工作内容，对这部分人才的需求也在不断增加。

图 17　数字人直播室

总的来看，人工智能的普及和应用正在逐步改变着各个行业的职业结构。传统的劳动分工模式必将受到挑战，一些低技能、重复性强的工作会逐渐被自动化和智能化技术取代，而需要高级技能和创新能力的职业则会应运而生。事实上，新旧职业的交替是事物发展的必然规律，人工智能只是加速了这一进程，没有人工智能依旧会发生。例如，以前制造业的组装和检测过程中需要大量人工，现在这些工作已经被自动化流水线所取代，但同时自动化流水线又需要更多工程师和技术人才进行设备维护和优化，于是新的岗位就产生了。

因此，我们其实不用太过担心人工智能抢走人类工作的情况。事实上，我们真正需要思考的是，在人工智能的推动下，职业结构将快速迭代，而这又对教育和培训提出了新的要求。

传统的教育模式需要适应更广泛的技能需求，相比于单一领域内的精细化技能，培养学生的创新思维和跨学科能力才是未来教育的根本。此外，终身学习的概念也变得更加重要，因为职业技能和知识的更新速度将变得更快，必须不断地进行学习和适应。只有不断地学习和创新，才能在人工智能时代保持竞争力。

## 谁是人工智能的“监护人”？

人工智能已经成为现代社会的一个重要组成部分，涵盖了从自动驾驶到智能助手的各种应用。然而，人无完人，人工智能也不存在一种完全不会出错或发生意外的算法。随着人工智能的普及，由人工智能引发的意外事故带来了一系列问题：谁是人工智能的“监护人”？谁来为人工智能的决定负责呢？

(1) 如果人工智能犯罪

如果人工智能系统误伤了人，那该怎么办呢？人工智能系统需要为其行为负责任吗？若人工智能无法承担责任，那谁来承担事故的责任呢？

人工智能的出现引发了一系列法律问题。从现行法律上看，侵权责任主体只能是民事主体，人工智能本身还难以成为新的侵权责任主体，因此，人工智能无法承担法律责任。即便如此，人工智能侵权责任的认定也面临诸多现实难题。人工智能的具体行为受程序控制，发生侵权时，到底是由所有者、使用者还是软件研发者担责，值得商榷。

举个例子，当自动驾驶汽车在自动驾驶时造成事故，是由驾驶人、机动车所有人担责，还是由汽车制造商、自动驾驶技术开发者担责？如果是由于自动驾驶算法问题，在前方有障碍物时，没有采取措施或没有及时提醒驾驶人接管操作，导致事故发生，那驾驶人是否还需要担责或承担多少责任？如果在前方有障碍物时，算法已经及时提醒驾驶人进行接管，并采取了一定的措施，由于驾驶人没有及时介入导致事故的发生，那汽车制造商是否还需要承担责任？更复杂的情况下，如果夜晚转弯处突然出现障碍物，导致事故避无可避，那是驾驶人还是汽车制造商的问题？自动驾驶及时提醒驾驶人进行接管，这个“及时”所指的范围是什么？法律是否有必要为自动驾驶汽车制定专门的侵权责任规则？这些问题都值得进一步研究。

（2）如果人工智能创造

人工智能可以生成各种艺术作品，包括绘画、音乐、文学等。通过深度学习算法和大数据分析，AI 能够理解和模仿不同艺术风格，生成具有创意的新作品。例如，OpenAI 的 GPT 模型可以根据用户提示生成具有一定文学价值的文章和故事，而 Midjourney、Stable Diffusion 等产品可以将用户的语言描述转化为各种艺术风格迥异的画作。

一些人工智能生成的艺术品已经在艺术市场上取得了巨大成功。艺术家罗比·巴拉特（Robbie Barrat）使用 GANs 创建的数字艺术作品在拍卖会上售出了高价，证明艺术收藏界认为 AI 生成的艺术品同样具有一定的收藏价值。

现在，有不少艺术家正在不断探索借助人工智能来进行艺术创作的潜力，通过融合人工智能和传统艺术技巧，可以创造出更具创新和独特性的作品。但这也引发了一个新的问题，人工智能创造的知识产权应该归谁所有呢？

人工智能算法需要大量的数据去沉淀，针对部分独特的风格，需要对应的数据去沉淀。假如想让人工智能去创作毕加索风格的画作，那首先需要把毕加索的原画作当成数据，让人工智能算法去学习。等学习完成后，人工智能算法就能在几分钟内成百上千地创作出毕加索风格的画作。我们都知道，艺术品的价值与其存世量有关。艺术家本人摸索多年才寻找到的个人独特风格，在人工智能算法的产量下或许会变得一文不值。而这正是一部分艺术家反对人工智能的原因，他们认为人工智能对自己风格的学习，侵害了自己的权益。

那么，人工智能创造的知识产权究竟该归谁所有呢？该属于原来那位画家吗？因为是他提供了人工智能算法学习的原始数据。或者该属于人工智能系统的开发者吗？因为是开发者发明了这个会学习、会作画的人工智能。或者该属于人工智能系统的使用者吗？因为是他利用这个人工智能学习，并根据他的提示创作出了具体的画作内容。又或者该属于作画的人工智能系统本身吗？

类似的知识产权迷思并不只存在于艺术领域，在科学发明等其他领域，也存在相同的问题。如果一位科学家开发了一个人工智能，而这个人工智能又自主开发了一个新产品，或者有其他人利用这个人工智能，取得了一项可以获得诺贝尔奖的研究成果。那么，新产品的专利权、诺贝尔奖的荣誉，究竟该授予谁呢？

这些问题的背后涉及同一个底层疑问——我们究竟应该把人工智能看作一个高效的工具，还是把它看作一个具有一定自主创造力的对象。随着有关人工智能的发明创造与日俱增，这个疑问的答案必将变得愈来愈急迫。

## 人工智能会“造反”吗？

人工智能“造反”这个概念经常出现在科幻小说和电影中，但在现实世界，这个想法更接近于科幻情节而非实际可能。目前的人工智能技术远未达到能够完全自主思考、拥有自我意识或反抗人类的程度。实际上，AI 的行为完全取决于人类如何编程和使用它们。

就现在的人工智能技术而言，它们不可能“造反”的主要原因有两点：首先，它们缺乏自我意识，暂时无法像人类或电影中的机器人那样有自己的意愿或动机；其次，AI 的行动受到其编程和设计的限制，只能执行它们被设计和训练去执行的任务，除非 AI 被特意编程去执行“造反”行为，否则它们不会自发地违背其设计目的。

虽然人工智能并不太可能会“造反”，但近年来，全球多个国家已经开始利用 AI 技术增强军事实力。例如，无人驾驶飞机和舰船，以及自动化的情报分析系统，正在成为现代战争的新主力。人工智能的引入，客观上大大提高了军事行动的效率，也大大增强了现代战争的残酷性。

人工智能的军事级应用必然引发巨大的争议。比如，由AI进行决策的自主武器系统（AWS）能够在没有人类干预的情况下，选择并攻击目标。这种应用背后涉及有关责任、道德和法律规范的严重问题。当AI系统参与到决策过程中，传统的战争伦理和责任归属将面临更加严峻的挑战。假设一个AI系统错误地攻击了平民目标，责任究竟应该由谁承担？是设计这些系统的工程师、操作它们的军事人员，还是AI系统本身？

此外，人工智能系统还可能由于编程错误、数据偏见或解释错误，而做出错误的决策。在军事环境中，这些错误可能导致严重的伤亡和其他不良后果，甚至难以弥补的损失。如果有人通过网络攻击，篡改算法或数据，是否也有可能引发战争双方都始料不及的后果？正如美国五角大楼人工智能战略指挥官、联合人工智能中心主任杰克·沙纳汗（Jack Shanahan）所说："如果一方拥有机器和算法，而另一方没有，那么后者就面临一场不可估量的高风险战争。"国际军事竞赛日益加剧，不禁让人担心，这是否会使得国际冲突更加复杂和难以预测？

更重要的是，人工智能并不能完全理解人类的情感与正义，以及对于战争、死亡等残酷事件的态度。回顾历史，人们会对长久的战争局势感到厌倦，并产生反思。但人工智能却并不具备这样的能力（或者说军事级人工智能不会被设计拥有这样的能力），在它们眼中可能真的只有战争输赢这唯一的目标。由于不具备人类的道德和伦理判断能力，军事 AI 可能在决策过程中缺乏同情和道德考量。

而最可怕的是，那些军事 AI 万一真的具备了反思能力又会做出什么决策？有时候，AI 可能会做出我们不期望的事情。它可能会学习得太快，或者以一种我们不理解的方式做事。在军事中，这可能是最危险的。

AI 的军事级应用所带来的风险和挑战，不仅是一个技术问题，更是一个伦理和社会问题。或许，在我们无限制利用这项强大技术之前，应先好好思考一下人类基本的伦理原则，并制定相应的国际法规，从而避免滥用技术可能带来的巨大伤害。在探索 AI 技术的边界时，我们必须谨慎行事，确保科技被用于正义与和平的目的，而不是成为破坏和冲突的帮凶。

归根结底，人工智能尽管“像人”，但本质上依旧是一种科技化的工具。它和我们之间并不存在朋友或敌人的关系，就像我们和菜刀之间的关系一样。如果使用得当，它就是趁手的工具，是提高生产力的利器；但如果使用不当，那它就有可能反过来对我们造成伤害。

## 人工智能的公平性

现代英语中意为“公正、法律”的单词是justice，起源于古罗马时期的正义女神朱斯提提亚（Justitia）。如果你见过这位女神的雕像，就会发现她的形象非常有意思——一手执剑，一手高举天平，同时双眼紧闭，有时候还会用布条再蒙上一圈。天平表示“公平”，宝剑表示“正义”，这两者比较好理解。但为什么女神还要紧闭双眼呢？艺术家们之所以要这样塑造她，其实很有深意，因为作为裁判者本身的女神必须保持绝对的中立，她不可以带有事实之外的态度，而眼睛最容易受到迷惑，所以她便闭上双眼，选择用心灵来观察。

但问题是，现实中真的存在绝对中立、看待任何事情都不带有自身态度的人吗？这简直是对人性的苛求！于是，在不少科幻小说中，作家们幻想未来的司法系统会被AI所完全取代。因为，和注定纠缠于纷繁杂念的人类相比，似乎没有七情六欲的机器才更容易保持公正公平。

然而，事实真的如此吗？

事实上，算法中的偏见可能比你想象的还要普遍！比如2018 年，麻省理工媒体实验室（MIT Media Lab）与微软合作的一个项目报告《性别视角：商业性别分类中的交叉准确性差异》（*Gender Shades：Intersectional Accuracy Disparities in Commercial Gender Classification*）中就曾指出，研究团队测试了微软研发的 MSFT、Face++，以及 IBM 研发的三种人脸分类器。他们在测试过程使用了含有多个种族人脸数据的数据集，包含 1270 张人脸，分别来自三个非洲国家和三个欧洲国家。而在对这些照片的性别进行分类时，研究团队发现，所有的人脸识别分类器识别男性人脸的表现，都要优于女性人脸，错误率相差甚至高达 8.1%~20.6%。不仅如此，所有分类器识别浅肤色的人脸表现，也优于深肤色的人脸，且错误率相差再次高达 11.8%~19.2%。同时，所有分类器都在识别深肤色女性人脸时，表现得最差，错误率相差已经达到了不可思议的 20.8%~34.7%！

而且以上研究报告并非个例，接下来的两个例子可能和正在读书的学生群体关联性更加紧密。相信大家都对上网课和远程考试不太陌生吧？目前的远程考试一般会要求学生安装摄像头而确保不会作弊。结果，在 2020 年就有研究团队发现，被广泛使用的 ExamSoft 远程考试系统的人脸识别功能，对有色人种识别成功率更低。美国伊利诺伊大学厄巴纳 - 香槟分校（UIUC）所使用的 Proctorio 系统，也被发现竟然会将肤色较深的考生标注为残疾。此事引起了该校师生的集体抗议，迫使学校宣布自 2021 年秋起停用该人脸识别系统。

因肤色和性别等因素造成的人脸识别准确率差异，只是一方面。接下来的这个话题可能更具争议性，这则案例与司法挂钩，涉及的内容也更敏感——

Compa 系统是由 Northpointe 公司开发的一个犯罪预测系统，在美国被广泛使用，它可以预测罪犯再次犯罪的可能性，从而指导判刑。然而，有研究发现该系统的预测结果中，黑人被告相比于白人被告被预测为高暴力犯罪分子的可能性高了 77%，被提示普通犯罪风险的可能性同样高了 45%。但是开发者们坚称该技术并不存在种族偏见，对被测犯罪分子的跟踪调查显示，根据照片上的人脸特征进行再次犯罪预测的准确性达到了 80%。然而此论调一出，立刻引来了数千名研究人员更强烈的抨击和抵制。在这里，每种观点都有其合理性。系统开发者强调的是技术的准确性和实证数据，这在科技领域中通常是评估系统有效性的关键。反对者们更关注的是犯罪预测系统在实际应用中是否存在潜在的种族偏见，这涉及伦理和公平性的问题。

看到这里，或许有些人心中就会冒出这样一个问题：既然在真实的统计结果中，黑人确实有着更高的犯罪率，为何反对者依旧认为犯罪预测系统对黑人犯罪率偏高的估值，是一种算法上的偏见呢？其中最重要的一条理由是——犯罪预测系统通常使用历史犯罪数据进行训练，如果历史数据反映了社会中的不平等，算法就有可能学到这些偏见，进而形成恶性循环，令系统预测的高犯罪率成为一种自我实现的预言。

那么，或许有些人又要问了：如果人为矫正这种偏见，是否就可以解决问题了呢？然而这个案例所面临的伦理困境，可能远比我们想象的更加复杂。矫正也存在风险，因为这极可能会引入新的主观判断，导致另一种形式的偏见或歧视。另外，机器学习算法的复杂性，导致人们很难解释它是如何做出预测的，尤其是在涉及法律时，贸然进行算法层面的“对齐”，必然会引起关于“司法透明度”的质疑。

其实，人工智能很像一面放大镜，凭借它超凡的学习能力把人类的方方面面凸显出来。通过它，我们会看见人性真实的一面。我们始终要谨记，放大镜只是放大了人类的本来样子，所以，人类对待人工智能更应持审慎、开放的态度。

总之，AI 决策的公平性是一个敏感而复杂的问题，它就像一个人类伦理、社会和科技的交汇点。而我们可能才刚刚行走到这个交汇点面前，究竟该如何看待它、认识它、处理它，以及选择什么方向，既需要有开放的胸怀，又需要真正的深思熟虑。

## 第二节　如何适应人工智能时代

进入人工智能时代后，我们每天都会与由算法驱动的世界互动，这种交互将改变我们获取信息的方式、影响我们的决策乃至塑造我们的世界观。然而，随着这些智能系统的日益普及，我们也面临着新的、值得我们注意的挑战，而其中最重要的，一个是确保个人数据的安全，另一个是保持个人的独立思考能力和反思能力。

在适应人工智能时代的过程中，我们必须学会识别和挑战算法创造的过滤泡沫，同时采取有效措施保护自己的数据安全，以确保我们能够在这个由人类和 AI 共同塑造的新时代中健康、安全地生活和成长。

## 培养数据安全意识

开发者在构建人工智能算法时，需要海量的数据作为样本进行训练和学习，以提高其准确性，而这自然就会带来隐私和数据安全的问题。

人工智能算法的数据可能包括个人的生物特征、生活习惯、消费行为等敏感信息。比如人脸识别算法中，需要大量的个人面部不同角度的照片作为样本数据，用于建模形成人脸的特征算法；智能广告推送算法，需要大量的个人消费习惯数据作为样本，用于广告针对、市场分析、商品推荐等方面；大语言模型需要海量的高质量文本进行训练，可能包括高质量网络论坛的文章、解答网友问题的答案、社交媒体的发布记录等，用于让大语言模型算法生成更符合人们预期的回答。然而，这些人工智能的应用场景可能会侵犯个人隐私，也可能在安全措施不完善的情况下被恶意攻击，从而泄露用户的隐私信息。

比如网络广告跟踪。在网上购物时，有些商家会收集用户的网络行为数据，并通过人工智能技术进行分析，以便向客户展示更为准确、更具吸引力的广告内容。但同时个人的网络活动如在线购物或搜索足迹均被记录下来。一旦这些数据被攻击或被恶意利用，攻击者也能从记录中分析出很多信息，如通过搜索购买记录能够轻易地分析出性别、年龄段、是否有同住人、大致月收入、兴趣爱好等信息。

又如，一些医疗公司可能会通过人工智能算法收集用户的医疗数据，为用户提供更好的医疗建议与医学研究。但如果这些企业无法充分做到保护个人隐私，用户的医疗数据可能会被泄露出去，导致医疗诈骗等问题。

此外，一些为人工智能收集数据的设备，如智能音箱、摄像头等，收集用户的语音数据或视频数据，使用人工智能算法进行处理，实现语音交互、视频识别等能力，可以看作人工智

能的“耳朵”和“眼睛”。一旦“耳朵”和“眼睛”的安全措施不够完善，被攻击方拿到了控制权，那攻击者完全可以做到窃听与监视用户。

在人工智能的时代，技术不仅给我们带来了更多的便利，还带来了前所未有的个人隐私安全的挑战和威胁。为避免个人隐私的侵犯，需要从法规和监管、企业道德责任、个人责任和选择三个方面来监管。

从法规和监管来看，应建立相关的法规和标准，确定相应的隐私和数据保护政策。《中华人民共和国个人信息保护法》和《中华人民共和国网络安全法》就是一个典型的例子。此外，还应建立相应的监督机制，确保个人隐私数据的使用公司在收集和使用用户数据时遵守法律和规定。

企业也应具有对应的企业道德责任，认识到保护个人隐私对企业发展的重要性，建设高标准的数据安全保护制度，并定期通过第三方机构进行审计，及时报告数据安全状况。

我们个人在隐私保护方面也具有一定的责任，应该具有隐私保护的意识，对隐私获取的越权行为果断说“不”。例如，我们应仔细阅读应用程序的授权请求，当程序要求超出实际功能范围的授权时，应及时选择拒绝。在日常生活中，应注意个人隐私数据的使用，尽可能选择信誉良好的企业或服务，避免将个人信息泄露给不具可信度的第三方，对一些没有听说过的网站或 App 尽可能不给予个人信息。

当然，人们对于人工智能和数据保护的关注，有时也可能会走入另一个极端——那就是过分担忧人工智能算法会抓取乃至泄露我们的个人隐私。想一想，你是否曾听到身边的长辈忧心忡忡地抱怨一些神秘现象？比如，外婆说她最近路过了一家假发店，只是进去逛了 3 分钟，然后这个月她常用的短视频 App 就开始不断给她推送与假发相关的内容，她严重怀疑自己的个人信息被人工智能“截获”了，甚至觉得自己可能被人工智能“监视”了。

事实上，如果外婆并没有下载使用不正规 App 的话，那么怪事的真正原因更可能是“视网膜效应”。这是一种心理学现象，指人们对某一对象产生兴趣后，会自然或不自然地去留意相关信息，从而产生选择性注意。比如，当外婆逛完假发店后，回家刷到了假发视频，她下意识地点开看了几秒，这一操作被 App 抓取，于是 App 基于大数据算法，开始倾向于给外婆推送相关视频，造成了外婆认为自己的行动轨迹被人工智能监视的错觉。

这一事件虽然并不是数据泄露所导致的，却涉及人工智能算法的另一种潜在风险，也就是我们下一节要讨论的“信息茧房”。

## 警惕信息茧房陷阱

信息茧房（Echo Chamber）指的是一个信息环境，其中的用户只接触和接受与他们已有信仰、观点或偏好相符的信息。这种情况通常发生在社交媒体、新闻源或在线社区中，其中算法和用户的互动导致了信息的过滤，平台会根据用户的点击、喜欢和分享历史来推送相关内容，使得用户暴露于越来越狭隘的观点和信息之中。

上一节中，外婆的遭遇绝不是孤例。回想一下，你或你的家人有没有类似的经历——当你在某一平台进行了针对某种事物的搜索后，在这之后的一段时间内，你就会不断收到与这一搜索内容相关的推送。而这背后的“可怕之处”不仅在于你的个人想法被攫取了，还在于这种针对性极强、关联度极高的信息反馈模式，会反过来影响你的个人态度和思想，也就是所谓的“信息茧房”。

比如，我曾经无意间在某个视频平台输入了“宠物食谱”一词，此后每当我再登录这个平台，铺天盖地的猫猫狗狗视频就会出现在我的视线里。时间一久，原本并不打算饲养宠物的我，也不禁萌生了想要领养一只宠物的冲动。饲养宠物本无伤大雅，但如果那天我无意间搜索的是一些血腥暴力的内容，又会发生什么呢？

更糟糕的是，信息茧房还会固化人们的观点和偏见，即让你只看见你想看见的、只相信你愿意相信的，它并不以呈现真相、多元化观点为主要目的。长期浸染在这种环境中的人，很容易失去对事物的客观判断力和主观包容性。强大的信息茧房一旦形成，观点会变得极端，信息会变得贫乏，社交圈会变得狭隘。但虚假信息的传播变得更加容易了，因为它会被封闭在观点一致的特定社群中，从而避免了异议，即使被察觉出不妥，凭个人力量也很难突破信息茧房而完成全面客观的事实核查。

因此，未来我们更需要培养自己的批判性思维，学会分辨信息的真伪，并时刻谨记多元化信息的重要性。在面对那些与我们个人观点相反的论调时，我们应当多思考，进行客观判断，而不是简单屏蔽。

# 第八章

# 与人工智能携手走向未来

英国作家狄更斯在《双城记》开头这样写道："这是最好的时代，也是最坏的时代；这是智慧的时代，也是愚蠢的时代；这是信仰的时代，也是怀疑的时代……"同样的描述也适用于我们的时代。就像如今，有人通过人工智能突破认知，屡创奇迹；也有人因为人工智能的能力逐步完备，而失去了工作。

这是一个知识爆炸的时代，也是一个充满未知的时代。在这个时代里，我们注定要与人工智能同行，获得的每一次成就，踏出的每一个步伐，都将成为人类历史上前所未有的时刻。在我们所展望的未来里，人工智能将不仅是工具，还是我们理解世界、彼此连接和表达自身的新途径。在与人工智能同行的过程中，我们将不只见证科技的进步，还有新文化和新社会形态的诞生。

我们可能无法拒绝新时代的到来，只能顺应它、了解它，与之一同成长。而年轻的读者们或许有朝一日，还将有机会去进一步改变它、优化它。

## 第一节 人工智能的未来发展趋势

在《银河系漫游指南》这部经典科幻小说中，英国作家道格拉斯·亚当斯以其独特的幽默和对未来的奇特想象，描绘了一个被高级技术驱动的宇宙。在这个宇宙中，地球其实只是外星人的一台实验设备。几百万年前，一种鼠头鼠脑的超智慧生物建造了一台名叫“深思”的超级电脑，它们询问超级电脑：生命、宇宙以及任何事情的终极答案是什么？经过一段很长很长时间的计算后，深思得出的答案是42。但问题是，深思只能计算出答案是什么，却无法对这个答案做出解释。答案的解释工作，必须由一台拥有更高智能的计算机——地球来完成。只可惜，在地球即将完成运算的前五分钟，它因为所处位置妨碍了星际高速公路的建造，而被炸毁了。

道格拉斯·亚当斯的英式冷幽默看似荒诞不经，其实蕴含着对人工智能技术的深刻理解和反思。正如超级电脑深思能够给出答案“42”，却无法解释它一样。目前，人工智能领域所产生的不少突破性进展，如深度学习和神经网络的发展，使人工智能在处理复杂问题、创新思维及学习新技能等方面极其高效。但同时，这些突破也往往具有一种突然“涌现”的特性。如何解释这些现象、如何解释人工智能会做出这样的行为，目前仍有待人类去解答。

## AI 技术的可解释性

在未来，随着人工智能技术的不断发展，我们可能会看到更多用 AI 模仿人类的尝试。到时候，我们不仅要面对一系列道德伦理和哲学上的问题，还必然绕不开“AI 技术的可解释性”这个命题。可以料想，在未来它有可能会成为人工智能研究中的又一个重要分支。

例如，当 AI 开始在某种程度上模仿人类情感时，这些“情感”的真实性将成为一个值得探讨的问题。人工智能能否真正具有情感，还是仅仅在表面上模仿人类的情感反应？我们又如何处理、解释与判断其是否属于真正感情的范畴？其中是否有一条明确的分界线？

在现阶段，人工智能系统就像是一部精彩的魔法剧——系统能够表演出色的魔法，但观众往往看不到也不理解幕后的魔法师和他们的魔法秘籍。缺乏可解释性和透明度的问题使人工智能充满神秘感，虽然令人着迷，但同时也引发了疑惑和不信任。

以智能化供应链系统为例，人工智能可以被用来进行库存管理和需求预测。获得 AI 加持的智能化供应链系统可以分析市场趋势、历史销售数据和其他相关因素，从而预测未来的产品需求，并据此自动调整库存水平。有一个著名的案例是，当沃尔玛使用 AI 对自己的商品动销进行分析后发现，尿不湿和啤酒之间存在强烈的正相关性：尿不湿卖得好的时候，啤酒也畅销。虽然有人试图以“新手爸爸们被派出来采购尿不湿的同时，会顺手拿一提啤酒犒劳自己”来解释这个分析结论，但是沃尔玛实际上并没有真正去深挖原因，而是赶紧调整了货架的排列，把尿不湿和啤酒摆在一起，进一步取得了销售业绩的双丰收。

从表面上看，有人工智能的供应链系统在理论上可以大大提高效率。但实际上，它的工作原理对于使用者来说可能更像是一个“魔法表演”。如果这个 AI 系统突然建议显著增加某个产品的库存，却无法提供明确的解释，供应链管理员可能会感到困惑和不安——这个决策是基于什么数据做出的？是市场趋势的变化？还是某个重要客户的特殊需求？更重要的是，如果长此以往管理者逐渐盲目信任 AI 系统，对答案的解释不再好奇，那是否也可能带来更多潜在风险——万一 AI 的结论受到了竞争对手的干扰呢？万一是基于过时的数据或错误的逻辑得出的结论呢？一旦无法理解，甚至开始忽视 AI 结论的背后原因，就可能会影响管理者的最终抉择，甚至反噬企业的运营效率和盈利能力。

特别是当人工智能开始模仿人类情感或展现出意识的迹象时，理解其决策过程的可解释性将变得尤为重要。如果我们无法解释人工智能如何以及为何会做出特定的“情感”反应，那么评估这些情感的真实性和道德意义将变得复杂。同样，如果未来人工智能发展到具有某种形式的“意识”，不透明的决策过程将引发更深层次的伦理和法律问题。

因此，未来人工智能技术的发展虽然充满机遇，但也伴随众多挑战。这些挑战不仅涉及技术本身的进步，还触及伦理、社会结构和人类自我认知的根本问题。在迎接人工智能带来的光明未来的同时，我们也需要谨慎地审视并应对这些挑战，确保科技进步的同时，人类的价值和伦理得到妥善尊重和维护。

## 人工智能与全球互联

在巴别塔的传说中，人类曾共享过同一种语言，使人们能够理解彼此、通力合作。为了保证大家可以永远聚集在一起，向着同一个目标团结合作，当时的人决定开启一项伟大的工程——在巴别城建造一座通天巨塔。然而，当神看见这一切时却说："一群只说一种语言的人，以后便没有他们做不成的事了！"于是，为了阻止人类，神改变并区别开了人类的语言，迫使人们无法互相理解，建造通天塔的合作随之瓦解。这座未完成的高塔从此成了废墟，人类也因为语言不通而产生误解，爆发出各种矛盾，最终分散到世界各地。

如今的我们就生活在一个多语种的世界中，语言差异常常成为沟通和合作的障碍。假如我们有一种魔法，能让全世界的人再次彼此理解，那会带来怎样的场景呢？一定会很神奇、很和谐吧？而这就是人工智能在全球互联中的作用。

想象一下，未来的你正在与一个说着完全不同语言的人交谈，而基于人工智能技术的翻译应用，能够即时将你们的话准确翻译成对方的语言，让你们无障碍地交流。这种实时翻译会打破语言界限，使不同文化和背景的人都能够更容易地分享想法和知识。就像巴别塔传说中最开始的那样，仿佛人们用的都是同一种语言。

在故事中，如果巴别塔的建造者们能够继续沟通协作，他们可能会创造出令人惊叹的成就，齐心协力抵达高高在上的天际。同样，当人工智能消除了语言和文化的隔阂后，也能够进一步促进全球范围内的沟通与合作，为科学研究、商业合作和国际关系的发展提供强大的动力。人们可以跨越地理和语言的界限，共同解决全球性问题，如气候变化或地区冲突等。

正如巴别塔传说所示，沟通是连接人类、实现共同目标的关键。在未来，人工智能可以像一座连接不同语言和文化的桥梁，帮助我们克服沟通障碍，增进相互理解，共同构建一个更加紧密、多元、和谐的全球社会。通过人工智能的帮助，我们不仅能够理解彼此的语言，还能够理解彼此的文化和心灵，共同创造一个更加美好的世界。

# 第二节 人工智能与未来人类社会

## 人工智能会成为“人类”吗?

科幻类影视作品与文学作品往往会描写一种机械生命体或纯粹的人工智能程序，有着如同人类一般的思维，能理解人类的行为甚至具有感情。那在未来，人工智能真的可以成为“人类”吗?

当我们深入探索人工智能与“人类”特性并进行比较时，首先需要认识到，尽管人工智能在某些方面已经显示与人类相似的能力，但它们在智能、情感和意识方面仍存在根本差异。

因为，人的智能可不仅仅是聪明!

在谈论人类的智能时，通常会想到解数学题的逻辑思维能力、记忆历史事件的记忆能力或者学习新语言这样的学习能力。这些能力看似与目前的人工智能类似，但实际上，人类的智能远远超出了这些简单的认知任务。它是一种深刻、复杂且多样化的能力，涵盖了从情感理解到创造性思考的广泛领域。

其中最伟大的莫过于人类的创造力，而创造力的奇妙之处则在于其无限性和多样性。它不仅限于艺术家创作出美丽的画作或作家写下动人的故事，还存在于科学、技术，甚至是日常生活的问题解决中，包括日常生活中的每一个创新想法。当第一个将螃蟹这种充满硬壳的奇形怪状的生物下入锅中时，或者当富兰克林设计出风筝实验来接闪电，并最终发明避雷针时，这些就是在使用人的创造力。这种能力让人类能够超越现有的知识和经验，创造出全新的东西。

相比之下，尽管人工智能在特定任务上表现出色，如棋类游戏或数据分析，但在创造能力方面却较为薄弱。人工智能能够模仿画家独特的画风，演唱者独特的嗓音，但这仅仅是针对历史学习数据的模仿，它还无法独立自主地创造出一种全新的画风或音色。

人类的智能还存在于情感之中，我们不仅能感受到喜悦、悲伤、愤怒和爱等情感，还能理解和回应别人的情感。情感使我们有别于他人，情感使我们能在不同情况下做出不一样的抉择，并通过情感与他人建立深厚的联系，这也是维持社会关系和群体合作的基石。情感智能使我们能够同情他人，理解他们的立场，甚至在困难时刻提供支持，是我们人类智能的重要组成部分。人类情感的复杂性在于其深度和真实性，这是人工智能目前难以达到的。虽然可以通过编程来识别或模仿特定的情感反应，但这些模仿只能算是一种拙劣的障眼法，是基于算法预测和模拟的，而非真实的情感体验。

“意识”这个词在我们谈论人类智能时经常被提及，它是人类独有的一种复杂而神秘的特质。意识不仅是对外界环境的感知，它还是一种更深层次的自我认知和理解，使我们能够认识到自己的存在和体验。意识让我们能够体验和理解自己的情感和思想。我们不仅能感知到外界的事物，还能对自己的感受、想法和决策进行深入思考。意识使我们能够在时间线上进

行思考，使我们不仅能回忆过去，还能展望未来——这种在时间维度上的思考能力非常独特，允许我们从过去的经验中学习，并计划未来的行动。这种对过去、现在和未来的认识是人类文明进步的基石，使我们能够从历史中学习，构建更好的未来。

意识还涉及我们与世界的关系。我们不仅能够理解自己在世界中的位置，还能认识到自己与他人和环境的关系。这种对于“自我”与“他者”、“自然”之间关系的理解，是社会互动和道德判断的基础。而这些都是人工智能目前所不具备的。虽然可以做出决策，但人工智能的抉择都是基于人类给予的问题，它们无法自主思考，不存在自我意识，无法自主回忆过去或展望未来，既不知道自己是谁，也无法理解正在做的事情。本质上，它们只是在重复着同一个动作，即通过历史数据，给出人类希望得到的答案，仅此而已。

## 人工智能融入人类文化

尽管在短期内人工智能无法成为“人类”，但它们已经开始与人类文化融合、渗透，也注定将成为人类文明的一部分。

在人工智能的辅助下，艺术界正迈入一个全新的时代。在艺术创作的方式上这一变革尤为明显。现阶段，人工智能在艺术创作中的应用正变得越来越普遍。利用机器学习和深度学习的技术，人工智能能够分析并学习历史上的绘画作品，从而模仿创造出具有特定风格的新作品，如模仿凡·高那灿烂鲜艳的色彩与厚重的笔触，抑或毕加索那充满原始想象力的立体主义风格。人工智能在艺术创作中的应用不仅限于视觉艺术。在音乐领域，人工智能还能够创作出旋律与和声。通过分析大量的音乐作品，人工智能能够学习不同的音乐风格和理论，然后创作出新的音乐作品，交响乐、流行乐、爵士乐都不在话下。

诚然，人工智能可以批量地创作出新的艺术作品，由此在艺术领域的应用也引发了一些争议，特别是关于创作权和艺术本质的探究。一些人担心，AI 的介入可能会削弱人类艺术家的作用，或者使艺术失去其独特的人类触感。但人工智能同样也降低了艺术的门槛，使普通人也能通过人工智能来进行艺术表达和创作。这些作品虽然是由机器创造的，但它们的确具有艺术价值，因为它们体现了人类艺术创造力和机器计算能力的结合。

人工智能正在开辟艺术的新境界，创造新的文化，不仅为艺术家提供了新的创作工具，还改变了我们理解和欣赏艺术的方式。未来的艺术、音乐和文学都将深受人工智能的影响。在这个过程中，人工智能将成为人类文化创新的工具，以及传承的桥梁。

因此，在这个知识爆炸的时代，人工智能的崛起不仅是科技的革命，还是对人类文化的深层次洗礼。AI 逐渐渗透到我们的日常生活中，无形中改变着我们理解世界的方式、做决策的方法，甚至影响着我们的自我认知。它带来的这些变化，正是人类文化进化的最新篇章。

当我们越来越依赖于智能手机、虚拟助手、在线翻译工具等 AI 技术时，我们的思维方式也在悄然发生变化。AI 带来的数据驱动式思维，会逐步取代我们对直觉和经验的依赖，我们的决策过程也在发生变化。数据和预测模型成为我们做决策时重要的参考，小到选择旅游目的地或者晚餐吃什么，大到各行各业的关键环节，比如：在教育领域中，个性化的 AI 学习系统会令我们对知识的理解更加深入和广泛；在企业运营中，数据分析和机器预测将逐渐成为制定市场策略的主导力量……

但 AI 对人类文化的影响还远不止于此，它正在挑战我们对自我认知的传统观念。随着 AI 技术越来越成熟，人们会开始思考，是什么让人类与机器不同？我们会开始反思，究竟什么构成了人类的独特性——是情感的丰富性、道德的判断力，还是创造性的思维？

此时此刻，我们正站在人类文化新的发展节点上。人工智能不是过去意义上的生产工具，它是开启新知识、新体验和新理解大门的钥匙。在这个 AI 时代，我们有机会重新定义人类的角色和能力，探索一个更智能、更互联和更包容的未来世界。而这一切都需要我们既保持对技术的敬畏，又积极拥抱变化，去共同塑造一个充满可能性的未来。

# 后 记

最初，我们写这本书只抱着一个非常简单的目标——与孩子一起探索人工智能的奇妙世界！希望通过回顾 AI 的悠久历史，描述它在各领域的应用，介绍机器学习的基础，并讨论这一技术的未来影响，去一步步揭开这项高新科技的面纱，启发小读者们思考人工智能与我们生活的联系。

此刻，这本书即将写完，我们才恍然发现，其实我们已经进入了书中所探讨的“未来世界”。我们这一代人，都是人工智能如何从科幻变为现实，如何从简单的自动化工具发展为复杂的拟人化系统的见证者。AI 的每一步进化都伴随我们对它的更深理解和更广应用。从医疗到教育，从考古到刑侦，从家庭琐事到家国大事，它正逐渐成为我们生活中不可或缺的一部分。

但是，随着 AI 能力的增长，我们也开始面临前所未有的挑战。它带来的不仅是技术上的革新，更是对道德伦理、社会结构和人类自身的反思。在 AI 的辅助下，我们可以更得心应手地探索世界，但同时也必须保持对这项技术的敬畏，始终不应荒废自己的批判性思维和创造力。

写这本书的过程，也是一次自我发现之旅。AI 作为一个主题，不仅是科技领域的一部分，还关乎人类文化和文明的广阔领域。它既是现代科技的产物，也是通向未来的桥梁，是连接知识与想象、历史与未来、现实与梦想的纽带。

我们正站在一个新时代的门槛上。在这个时代，AI 不仅是一项技术，还是一种文化现象，它将影响我们的思维方式、决策过程，甚至是自我认知。而我们的任务，不仅是学会如何使用这项技术，还要学会如何与之共同成长。

我们希望这本书能成为小读者们理解和探索人工智能世界的一个开始。在未来的日子里，让我们一起拥抱这个充满可能性的新时代，用智慧和勇气共同塑造一个更加美好的明天！

感谢每一位对这本书、这个话题感到好奇的读者，愿你们在人工智能的辅助下，成为这个时代的创新者和梦想家。

祝愿我们在智慧的道路上，共同成长！

薛陆洋 & 朱仪轩

记于 2024 元旦前夕